W0064478

Xavier Nitsch

Bäume

70 Arten entdecken und bestimmen

Illustriert von Lise Herzog

Aus dem Französischen von Felix Mayer

Anaconda

Mein Dank geht an Laurent Nitsch, der mich mit seiner unerschöpf-
lichen Neugier auf die Natur angesteckt und mir für die Arbeit an
diesem Buch zahlreiche Ratschläge gegeben hat.

Xavier Nitsch

Der Herausgeber dankt Thibaut Brunet für seine wertvolle Hilfe.

Lizenzausgabe mit freundlicher Genehmigung
Titel der französischen Originalausgabe
Le petit guide des arbres
© 2018, Editions First, an imprint of Edi8, Paris

Verlagsgruppe Random House FSC® N001967

Die Deutsche Nationalbibliothek verzeichnet diese Publikation in der
Deutschen Nationalbibliografie; detaillierte bibliografische Daten sind im
Internet unter http://dnb.d-nb.de abrufbar.

© dieser Ausgabe 2020 by Anaconda Verlag, Köln
Ein Unternehmen der Verlagsgruppe Random House GmbH
Alle Rechte vorbehalten.
Umschlaggestaltung: dyadesign, Düsseldorf, www.dya.de
unter Verwendung von Motiven aus dem Innenteil
Satz und Layout: InterMedia – Lemke e. K., Heiligenhaus
Druck und Bindung: Finidr s.r.o., Těšín
Printed and bound in Czech Republic
ISBN 978-3-7306-0830-2
www.anacondaverlag.de

Einleitung

Wenn wir einen Baum betrachten, können wir den Blick von den Wurzeln bis zur Krone wandern lassen und ihn in seiner ganzen Pracht bewundern. Sehen wir genauer hin, können wir die Lebewesen entdecken, die auf und in ihm leben und sich von ihm ernähren. Und anhand der verschiedenen Formen der Bäume können wir erkennen, welche Arbeit der Mensch im Lauf der Jahre durch Pflanzung, Zuschnitt und Vermehrung durch Stecklinge geleistet hat. Bäume zu bestimmen und kennenzulernen ist also nicht nur äußerst bereichernd, sondern man begibt sich dabei auch auf die unterschiedlichsten Sachgebiete – und um all das geht es in diesem kleinen Führer.

Von jahrhundertealten, undurchdringlichen Wäldern bis zu den Alleen in unseren Städten, von Wiesen mit Apfelbäumen bis zu Olivenhainen – Bäume waren schon immer Teil der menschlichen Lebenswelt. Ihre Früchte, Blüten und Blätter lassen sich auf vielfache Weise kulinarisch verwenden: Wir können sie roh essen, wie etwa einen Apfel, oder daraus Kastanienmehl, Nusswein oder Tannenhonig herstellen. Ihr Holz, ein formbares, aber festes Material, das die verschiedensten Farben und Formen annehmen kann, dient seit jeher zum Zimmern, Bauen und Heizen.

Heutzutage richten wir unsere Aufmerksamkeit verstärkt auf die Funktionen, die Bäume erfüllen. Natürliche Wälder stellen, wenn sie klug bewirtschaftet werden, eine Quelle erneuerbarer Energien dar. In Städten und in der Nähe von Siedlungen gleichen Bäume Temperaturunterschiede aus

3

und bieten Lebensraum für zahlreiche Arten von Insekten, Vögeln und Säugetieren.

Die Vertreter mancher Baumarten leben etwa so lange wie ein Mensch, andere hingegen überdauern mehrere Generationen. Unter großen alten Bäumen hat man sich schon immer gern getroffen, sie spenden Schatten und schaffen Oasen der Ruhe. Kindern bieten sie Platz zum Spielen, und Erwachsenen, die sich eine kleine Auszeit gönnen, einen Ort zum Erholen und Spazierengehen. Wie könnten wir beim Anblick solcher Riesen nicht an unsere Vorfahren denken, die vor mehreren Hundert Jahren die Erde umgegraben haben, um einen kleinen Spross zu pflanzen, und dabei schon an uns gedacht haben?

Über dieses Buch

Der beste Naturführer ist immer der, den man gerade zur Hand hat. Deshalb ist dieses Bestimmungsbuch ein kleines, schmales und handliches Bändchen, das Sie überallhin mitnehmen können. Die Texte und Beschreibungen verzichten so weit wie möglich auf Fachausdrücke und sind dadurch für eine breite Leserschaft verständlich. Mithilfe der siebzig Beschreibungen in diesem Buch können Sie viele der in Deutschland und Europa wachsenden Baumarten bestimmen. Weil das Buch nur eine begrenzte Anzahl von Bäumen enthält, können Sie damit die am weitesten verbreiteten Arten leicht bestimmen. Das bedeutet andererseits, dass einige seltenere wild wachsende Arten hier nicht vorgestellt werden, ebenso wie zahlreiche Arten aus Züchtungen, die nur in unseren Gärten wachsen. Darüber hinaus gibt es Hunderte Arten, die importiert wurden und von denen manche sich hervorragend an die Umstände in unseren Breiten angepasst haben und wild wachsen (wie etwa Akazie oder Götterbaum), während andere sich nur in Parks und Gärten finden (wie etwa Magnolie oder Araukarie). Dieses Buch beschreibt hauptsächlich Arten, die wild vorkommen, aber auch die wichtigsten der Arten, die in Parks und Gärten stehen.

Wie Sie dieses Buch verwenden

Wenn Sie einen Baum bestimmen wollen, betrachten Sie zunächst eines seiner Blätter (eines, das noch am Baum hängt, oder eines, das zu Boden gefallen ist) und sehen Sie dann auf den Seiten 14 bis 17 nach. Je nach Form des Blattes und je nachdem, ob es gezackt ist oder nicht, können Sie es einer der dort aufgeführten Kategorien zuordnen. Vorsicht ist bei sogenannten zusammengesetzten Blättern geboten: Hier besteht das Blatt aus mehreren Blättchen, die selbst nicht als Blatt gelten (siehe Abbildung).

einfaches Blatt   zusammengesetztes Blatt

Wenn Sie die passende Kategorie gefunden haben, bestimmen Sie weitere distinktive Merkmale, etwa anhand folgender Fragen: Ist das Blatt gezackt, sind seine Spitzen stachelig und ist es auf der Unterseite behaart? Welche Form hat es und wie groß ist es? Hat es einen langen Stiel? Ist die Rinde des Baumes glatt oder rau? Ist der Baum sehr groß oder macht er den Eindruck, dass er noch stark in die Höhe wächst? Auch der Standort des Baumes liefert wichtige Hinweise: Steht er in einem Park? Sieht es so aus, als sei er dort gepflanzt worden, oder wächst er dort wild? Ist der Boden ungewöhnlich feucht? Wenn der Baum Früchte trägt, lässt er sich in der Regel leicht bestimmen, doch das ist meist nur während weniger Wochen im Jahr der Fall.

Sie können auch ein Fernglas mitnehmen, um die Blätter in den Kronen großer Bäume zu betrachten, oder eine Lupe, um die Blätter bis ins Detail zu untersuchen. Aber für gewöhnlich brauchen Sie solche Hilfsmittel nicht.

Nach einer Weile werden Sie die häufigsten Baumarten schon auf den ersten Blick am Erscheinungsbild oder an der Rinde erkennen, ohne die Blätter betrachten zu müssen. Dann können Sie Ausschau nach selteneren Arten halten, etwa in Parks und Gärten oder auf Friedhöfen, oder auf Reisen die Gelegenheit nutzen und neue Entdeckungen machen. Dabei werden Sie feststellen, dass Sie bei der Bestimmung von Bäumen auch lernen, die verschiedenen Bodenarten und klimatischen Bedingungen zu unterscheiden, und Sie können die Geschichten kennenlernen, die man in der jeweiligen Region mit bestimmten Bäumen verbindet.

Aufbau der Beschreibungen

Im Folgenden werden siebzig Baumarten vorgestellt, jede auf einer eigenen Doppelseite. Die Beschreibungen umfassen jeweils mehrere Aspekte:

Gemeinsprachlicher Name (Trivialname): Das ist die gebräuchliche deutsche Bezeichnung für die jeweilige Art.

Wissenschaftlicher Name: Die wissenschaftlichen Bezeichnungen, die Anfänger gerne außer Acht lassen, sind unerlässlich, um die einzelnen Arten eindeutig zu benennen. So heißt etwa die Weißtanne *(Abies alba)* umgangssprachlich auch Edeltanne oder Silbertanne. In anderen Fällen bezeichnet ein und derselbe Trivialname zwei klar voneinander abgegrenzte Arten.

Standort: Wächst der Baum in Parks und Gärten oder wild? Wo in Deutschland und Europa ist er zu finden? Auch die lokalen Eigenschaften eines Standortes, etwa die Ausrichtung eines Hangs nach Norden oder Süden, entscheiden darüber, ob eine Art sich dort ansiedelt oder nicht.

Erscheinungsbild: Hierzu gehören die maximale Höhe des Baumes, seine Form und seine Lebensdauer. Bei jungen Bäumen müssen diese Kriterien entsprechend weniger streng angelegt werden.

Rinde: Zahlreiche Baumarten lassen sich schon allein anhand der Rinde bestimmen. Allgemein gilt: Jüngere Exemplare haben eine glattere Rinde als ältere.

Blätter: Die meiste Zeit des Jahres (außer im Winter und zu Beginn des Frühjahrs) trägt der Baum Blätter oder man findet sie auf dem Boden. Zur Bestimmung suchen Sie am besten ein Blatt von mittlerer Größe, das schon ausgewachsen ist. Im Frühjahr sind die Blätter noch jung und oft von einem dünnen Flaum überzogen. Auch die Unterseite eines Blattes gibt zahlreiche Hinweise (durch Farbe, Härchen, Blattadern etc.). Und nicht zuletzt ist auch die Anordnung der Blätter ein Indiz: einzeln oder paarweise, gegenüberliegend oder abwechselnd entlang des Zweiges.

Früchte: Weil bei vielen Baumarten die Blüten kaum sichtbar sind, werden diese nicht immer beschrieben. Die Früchte hängen zwar meist nur für eine gewisse Zeit am Baum, sind jedoch in der Regel eindeutig zu identifizieren und ermöglichen daher eine rasche Bestimmung des Baumes.

Besonderheiten: Dieser Abschnitt bietet zusätzliche Informationen über den jeweiligen Baum, etwa über seine Nutzung durch den Menschen oder sein Zusammenleben mit anderen Arten. Verwandte Arten sowie solche, mit denen der Baum leicht verwechselt werden kann, sind hier ebenfalls kurz beschrieben.

Blütezeit und Fruchtbildung: Die genannten Zeiträume sind ungefähre Angaben, die je nach Region und Standort (Nordhang oder Südhang) variieren können. Nach einem ungewöhnlich warmen Winter kann es vorkommen, dass manche Bäume früher als gewöhnlich zu blühen anfangen.

Abkürzungen und Symbole

 Blattform: Sie hilft dabei, den Baum zu bestimmen (siehe S. 14–17).

 Sommergrün: Die Blätter des Baumes werden im Winter braun und fallen ab.

 Wintergrün: Die Blätter des Baumes bleiben im Winter grün und fallen nicht ab.

 Wild wachsend: Diese Art wächst für gewöhnlich in der freien Natur.

 Kulturpflanze: Diese Art findet sich für gewöhnlich in Parks und Gärten.

 Essbar: Bestimmte Teile des Baumes sind essbar. Doch Vorsicht: Bevor Sie sie verzehren, sollten Sie den Baum zweifelsfrei bestimmt haben.

 Giftig: Der Baum oder manche seiner Teile sind für den Menschen giftig.

Verwendete Begriffe

Weil wir mit diesem Buch möglichst viele Naturfreundinnen und -freunde erreichen wollen, haben wir so wenig Fachausdrücke wie möglich verwendet. Für eine exakte

Beschreibung der Bäume sind bestimmte Begriffe jedoch unerlässlich, daher erklären wir sie hier kurz.

Der lateinische wissenschaftliche Name bezeichnet die betreffende Art auf eindeutige Weise. Nehmen wir als Beispiel die bereits erwähnte Weißtanne, *Abies alba*. Der Name besteht aus zwei Teilen: Auf den Namen der Gattung (*Abies*) folgt der Zusatz, der die Art bezeichnet (*alba*). Bei hybriden (gekreuzten) Arten wie etwa der Ahornblättrigen Platane steht zwischen den beiden Namensbestandteilen ein »x«: *Platanus x hispanica*. Bei Unterarten oder Varietäten wird manchmal ein dritter Bestandteil hinzugefügt, wie etwa bei der Pyramidenpappel (*Populus nigra* var. *Italica*), die eine Varietät der Schwarzpappel (*Populus nigra*) ist.

Als **gelappt** werden Blätter bezeichnet, deren Ränder tiefe Einbuchtungen aufweisen (z. B. Eiche) oder Spitzen, die in verschiedene Richtungen zeigen (z. B. Elsbeere). Bei manchen Arten sind die Lappen kreisförmig um einen zentralen Punkt angeordnet.

Ein **zusammengesetztes Blatt** besteht aus mehreren **Blättchen**, die selbst nicht als Blatt gelten. Man erkennt sie daran, dass sie am Ansatz keine Knospe haben. Außerdem entwickelt ein zusammengesetztes Blatt im Frühjahr alle Blättchen auf einmal, und es fällt im Winter als Ganzes vom Baum, d. h., die Blättchen lösen sich nicht vom mittleren Stiel.

Der **Blattstiel** verbindet das Blatt mit dem Zweig. Er stellt einen Teil des Blattes dar, entwickelt sich im Frühjahr gemeinsam mit ihm und fällt im Winter mit ihm vom Baum. Bei manchen Arten ist der Blattstiel sehr lang, bei anderen dagegen kaum vorhanden.

Die **Blattadern** sind die Hauptleitbahnen, die mit dem Blattstiel verbunden sind und Wasser und Nährstoffe im Blatt verteilen. Sie sind je nach Art unterschiedlich stark ausgeprägt.

Der **Blütenstiel** verbindet die Blüte bzw. die Frucht mit dem Zweig. Er kann länger oder kürzer sein und fehlt bei manchen Arten ganz.

Als **Kätzchen** werden in der Botanik Blütenstände ohne Blütenblätter bezeichnet, die weich und abgerundet sind und oft länglich sind und herabhängen. Sie sind typisch für etliche Baumarten wie Eiche, Buche, Kastanie, Hasel oder Weide.

Ein wenig Biologie

Was genau ist ein Baum?

Ob Biologen, Botaniker, Ökologen, Gärtner, Spaziergänger – unter einem Baum versteht vermutlich jeder etwas anderes. In diesem Buch meinen wir mit Bäumen holzige Pflanzen, die bei guten Bedingungen höher als sieben Meter werden.

Fortpflanzung bei Bäumen

Bäume pflanzen sich auf die unterschiedlichsten Weisen fort. Viele Arten vermehren sich durch Wurzelsprossen, also durch Wurzeln, die in einem gewissen Abstand zum Baum Triebe ausbilden, die nach oben wachsen und aus denen neue Bäume entstehen. Diese neuen Bäume sind alle Teile derselben Pflanze und besitzen dasselbe Erbgut.

Anders als beim Menschen sind bei zahlreichen Baumarten die einzelnen Exemplare männlich und weiblich zugleich. Man spricht hier von einhäusigen Pflanzen. Die männlichen und die weiblichen Blüten befinden sich dabei entweder im selben Blütenstand oder in getrennten Blütenständen. Bei selbstbestäubenden Arten genügt ein einziges Exemplar, um Samen zu erzeugen – die männlichen Blüten bestäuben die weiblichen Blüten auf derselben Pflanze.

Bei den sogenannten zweihäusigen Arten (z. B. Stechpalme oder Ginkgo) sind die einzelnen Bäume entweder männlich oder weiblich. Männliche Exemplare bilden also Blüten aus, tragen aber keine Früchte.

Oft sorgt auch der Mensch für die Vermehrung, und zwar durch Stecklinge, also durch Teile, die von einem Baum abgetrennt werden (z. B. Äste oder Wurzeln) und aus denen dann neue Pflanzen entstehen, die dasselbe Erbgut wie die Mutterpflanze haben. Bei manchen Arten (etwa bei der Ahornblättrigen Platane oder der Pyramidenpappel) ist dies sogar die einzige Art der Fortpflanzung.

Ökologie

Nur weil Bäume relativ unbeweglich sind und langsam wachsen, sollte man nicht glauben, dass sie isoliert von ihrer Umwelt leben. Die meisten Bäume fechten mit anderen Pflanzen einen mühsamen Kampf um Licht und Wasser aus, und jeder versucht, sich höher zu strecken als sein Nachbar. Nussbaum und Ahorn bilden sogar Giftstoffe, die das Wachstum ihrer unmittelbaren Nachbarn beeinträchtigen. Andere, wie etwa Mammutbäume oder Korkeichen, schützen sich mit einer dicken Rinde gegen Feuer. Manche Arten sind auch auf die Zusammenarbeit mit anderen Arten angewiesen, um zu gedeihen (Symbiose). So bilden etwa Erlen und Robinien in den Wurzeln kleine Knoten, in denen Mikroorganismen leben, die den in der Luft enthaltenen Stickstoff binden und damit den Boden anreichern. Insekten wie zum Beispiel Bienen ernähren sich vom Nektar der Baumblüten und sind für die Fortpflanzung der Bäume unentbehrlich. Andere Tiere wie Eichhörnchen oder Eichelhäher vergraben Früchte (z. B. Eicheln und Haselnüsse) im Boden, um Vorräte für den Winter zu haben. Und wenn sie sie vergessen, säen sie damit unzählige neue Bäume!

Die verschiedenen Blattformen

In diesem Buch werden die Bäume nach Blatttypen unterschieden. Wenn Sie ein Blatt zuordnen möchten, suchen Sie zunächst anhand allgemeiner Merkmale in der folgenden Aufzählung die Kategorie, in die es gehört, und schlagen dann im entsprechenden Abschnitt des Buches nach.

NADELBÄUME

Breites, starres Blatt: S. 18–19

Kurze Nadeln: S. 20–27

Gebüschelte Nadeln: S. 28–31

Lange Nadeln: S. 32–39

Verästelte Zweige: S. 40–43

LAUBBÄUME

Fächerförmiges Blatt: S. 44–45

Rundes Blatt: S. 46–61

Dreieckiges Blatt: S. 62–67

Ovales, gezacktes Blatt: S. 68–95

Ovales Blatt mit glattem Rand: S. 96–109

Längliches, schmales Blatt: S. 110–119

Zusammengesetztes Blatt: S. 120–135

Gelapptes Blatt: S. 136–141

Blatt mit kreisförmig angeordneten Lappen: S. 142–157

Standort

Die Araukarie stammt aus Chile, wo sie auf den Hängen von Vulkanen gedeiht. Im 19. Jahrhundert wurde sie nach Europa eingeführt. Sie wird häufig als Zierpflanze verwendet.

Erscheinungsbild

Die Araukarie wächst kerzengerade und wird bis zu 40 Meter hoch. Sie wächst langsam, wird dafür aber sehr alt.

Rinde

Die Rinde ist sehr dick, von grauer Farbe und unregelmäßig strukturiert.

Blätter

Die Blätter sind grün und etwa 4 cm lang. Sie sind sehr hart und wachsen dicht an dicht auf allen Seiten der Äste.

Früchte

Die weiblichen Zapfen haben einen Durchmesser von rund 15 cm und brauchen zwei Jahre, bis sie reif sind. Dann öffnen sie sich und geben ihre Kerne frei, die etwa 3 cm lang und 1 cm breit sind. Gegrillt können diese Kerne verzehrt werden.

Besonderheiten

Diese Bäume sind sogenannte lebende Fossilien. Die Familie der Araukarien gibt es schon seit 200 Millionen Jahren – sie haben also die Dinosaurier noch miterlebt!

Araukarie
(Affenschwanzbaum)
Araucaria araucana

sehr harte Blätter

Fruchtbildung

J	F	M	A	M	J	J	A	S	O	N	D

Dauer: 2 Jahre

19

Standort

Die Fichte wächst in kalten und feuchten Regionen, und dort hauptsächlich in den Bergen.

Erscheinungsbild

Die Fichte ist ein aufrecht wachsender Nadelbaum. Ihre Krone ist kegelförmig und sie wird bis zu 60 Meter hoch. Manche Varietäten haben hängende Äste.

Rinde

Die feinschuppige Rinde ist rötlich-braun.

Blätter

Die Nadeln sind kurz (ca. 2 cm), dunkelgrün und spitz, und wachsen oben und seitlich an den Zweigen.

Früchte

Die braunen Zapfen sind 10 bis 20 cm lang und hängen nach unten. Sie öffnen sich, wenn sie noch am Baum hängen, setzen kleine, geflügelte Samenkörner frei und fallen dann zu Boden.

Besonderheiten

Eichhörnchen mögen die Zapfen besonders gern. Sie zupfen die Schuppen ab und fressen die darunterliegenden Samen. Weil Fichten schnell und gerade wachsen, werden sie in ebenen Regionen in Monokulturen angebaut. Sie brauchen allerdings viel Wasser, und ihre Nadeln können zur Übersäuerung des Bodens führen.

Fichte
(Rotfichte, Rottanne)
Picea abies oder *Picea excelsa*

spitze Nadeln

Blütezeit

J F M A M J J A S O N D

Fruchtbildung

J F M A M J J A S O N D

Standort

Die Eibe war in Deutschland früher weit verbreitet, heute findet man natürliche Vorkommen nur noch in wenigen Gebieten. Häufig wird sie jedoch als Zierpflanze verwendet.

Erscheinungsbild

Die Eibe ist von mittlerer Größe und hat einen kurzen, knorrigen Stamm. Sie kann bis zu 25 Meter hoch werden, ist jedoch meist kleiner. Eiben können mehrere Tausend Jahre alt werden.

Rinde

Die rötlich-braune Rinde ist fein geschuppt.

Blätter

Die dunkelgrünen Blätter sind sehr klein (ca. 2 x 30 mm), fest, aber biegsam, leicht gekrümmt und von kräftiger Farbe. Sie wachsen an den Hauptästen ringsherum und an den Nebenästen seitlich.

Früchte

Die Früchte der Eibe sind kleine rote Beeren, deren Kern gut sichtbar ist.

Besonderheiten

Achtung: Alle Teile dieses Baumes sind sehr giftig. Vögel verzehren allerdings das Fruchtfleisch. Früher waren Eiben weit verbreitet, wurden jedoch intensiv genutzt. Heute gibt es zahlreiche Maßnahmen zu ihrem Schutz.

Eibe

Taxus baccata

Blütezeit

J F M A M J J A S O N D

Fruchtbildung

J F M A M J J A S O N D

23

Standort

Die Douglasie findet sich in kleineren Vorkommen so gut wie überall in Deutschland und ist auch in Europa weit verbreitet.

Erscheinungsbild

Die Douglasie wächst gerade und bildet eine schlanke, kegelförmige Krone. Sie wird bis zu 60 Meter hoch.

Rinde

Die Rinde ist anfangs glatt und grau, wird mit der Zeit jedoch bräunlich-orange und schartig.

Blätter

Die grünen Nadeln sind dünn und biegsam und tragen auf der Oberseite schmale weiße Streifen. Sie wachsen auf allen Seiten der Zweige. Wenn man sie zerreibt, verströmen sie einen zitronenartigen Geruch.

Früchte

Die Zapfen sind klein (bis zu 6 cm lang) und hängen, wenn sie reif sind, nach unten. Sie besitzen sogenannte Deckschuppen, kleine, biegsame, dreizackige Blätter, die zwischen den Samenschuppen stehen und diese überragen. Im Herbst öffnen sich die Zapfen, geben kleine, geflügelte Samen frei und fallen dann zu Boden.

Besonderheiten

Die Douglasie stammt von der Westküste der USA. Dort gibt es Exemplare, die 100 Meter hoch sind!

Douglasie
(Douglastanne)
Pseudotsuga menziesii

Blütezeit

J F M A M J J A S O N D

Fruchtbildung

J F M A M J J A S O N D

Dauer: 1 Jahr

25

Standort

Die Weißtanne wächst sehr häufig in Bergregionen, man findet sie jedoch auch in Parks und Gärten.

Erscheinungsbild

Die Weißtanne ist ein großer, aufrecht wachsender Baum mit gleichmäßiger, kegelförmiger Krone. Sie wird bis zu 50 Meter hoch. Alte Exemplare wachsen nicht mehr in die Höhe, ihre obersten Äste jedoch oft noch zur Seite.

Rinde

Die Rinde ist anfangs grau und glatt, bildet mit der Zeit jedoch Schuppen und wird rissig.

Blätter

Die Nadeln sind anfangs hellgrün, werden jedoch sehr bald dunkelgrün. Sie sind 2 bis 3 cm lang, wachsen seitlich an den Zweigen (manchmal auch auf der Unterseite), sind stumpf und tragen auf der Unterseite zwei silbrig-weiße Streifen.

Früchte

Die Zapfen sind rotbraun, ca. 4 x 15 cm groß, wachsen oben in der Krone und stehen aufrecht. Wenn sie reif sind, geben sie kleine, geflügelte Samen frei.

Besonderheiten

Vor 10.000 Jahren wuchs die Weißtanne nur in wenigen Regionen Südeuropas, heute ist sie auch in Mittel- und Osteuropa zu finden.

Weißtanne
(Edeltanne, Silbertanne)
Abies alba

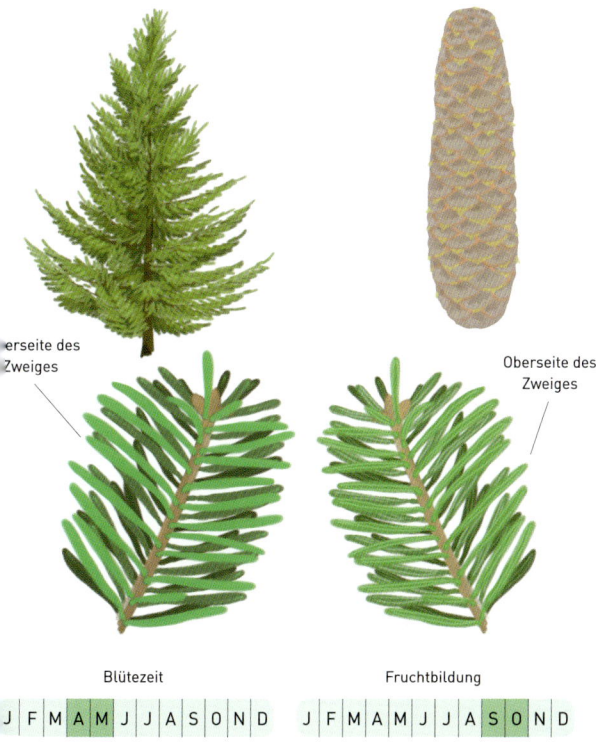

erseite des
Zweiges

Oberseite des
Zweiges

Blütezeit

J F M A M J J A S O N D

Fruchtbildung

J F M A M J J A S O N D

Standort

Die Atlaszeder stammt aus dem Atlas-Gebirge und wird in Europa seit dem 19. Jahrhundert vorwiegend als Zierbaum angepflanzt.

Erscheinungsbild

Die Atlaszeder ist ein stattlicher Baum, der bis zu 40 Meter hoch wird und eine kegelförmige Krone bildet, die sich im Lauf der Jahre verschlankt. Ihre Blätter sind von auffälligem Blaugrau, und sie kann über tausend Jahre alt werden.

Rinde

Die Rinde ist anfangs grau und glatt, wird jedoch im Lauf der Jahre schuppig und bildet Risse.

Blätter

Die Nadeln sind kurz (ca. 2 cm), spitz und gebogen, von graugrüner Farbe und in Büscheln angeordnet.

Früchte

Die weiblichen Zapfen sind breit und spindelförmig (ca. 4 x 6 cm) und von graubrauner Farbe. Sie brauchen drei Jahre, um zu reifen. Dann fallen die Samenblätter ab, noch während die Zapfen am Baum stehen, und verbreiten sich.

Besonderheiten

Zedernholz gilt als unverrottbar und wird häufig beim Zimmern, Schreinern und im Kunsthandwerk verwendet.

Atlaszeder

Cedrus atlantica

Blütezeit

J F M A M J J A S O N D

Fruchtbildung

J F M A M J J A S O N D

Dauer: 3 Jahre

29

Standort

Das natürliche Verbreitungsgebiet der Lärche sind die Alpen, sie wird jedoch auch in europäischen Mittelgebirgen angepflanzt.

Erscheinungsbild

Die Lärche hat einen geraden Stamm, eine kegelförmige Krone und wird bis zu 40 Meter hoch. Sie ist der einzige in Europa heimische Nadelbaum, der im Winter seine Nadeln abwirft.

Rinde

Die Rinde ist anfangs glatt und grau, wird mit der Zeit jedoch braun und bildet Risse.

Blätter

Die hellgrünen Nadeln sind schmal und klein. Sie wachsen an den Zweigen, aber auch an jungen Trieben. Im Herbst werden sie erst gelb und dann rot, im Winter fallen sie ab.

Früchte

Die weiblichen Blüten sind rötlich-rosafarben und öffnen sich im Frühjahr, wenn auch die Nadeln sprießen. Die Zapfen sind klein (2 bis 4 cm), braun und stehen aufrecht. Sie bleiben lange Zeit am Baum.

Besonderheiten

Das Holz der Lärche ist kaum anfällig für Fäulnis und wird gern beim Zimmern und zum Schreinern von Möbeln verwendet.

Lärche
Larix decidua

Blütezeit

J	F	M	A	M	J	J	A	S	O	N	D

Fruchtbildung

J	F	M	A	M	J	J	A	S	O	N	D

Standort

Natürliche Vorkommen von Strandkiefern finden sich im westlichen Mittelmeerraum. Die Strandkiefer wird auch angepflanzt, verträgt jedoch keine niedrigen Temperaturen.

Erscheinungsbild

Manchmal wächst die Strandkiefer schräg und, besonders im hohen Alter, unregelmäßig. Sie wird bis zu 30 Meter hoch.

Rinde

Die Rinde ist von dunklem Graubraun. Im Lauf der Jahre bildet sie Risse und große Schuppen.

Blätter

Die Nadeln wachsen paarig. Sie sind steif, sehr lang (10 bis 25 cm) und von grüner bzw. graugrüner Farbe.

Früchte

Die gelb-orangefarbenen Blüten öffnen sich im Frühjahr. Die Zapfen sind 10 bis 20 cm lang, schmal, von rotbrauner Farbe und bleiben 2 Jahre am Baum.

Besonderheiten

Strandkiefern eignen sich auch zur Befestigung von sumpfigem Hinterland an der Küste. In Frankreichs Südwesten werden sie etwa seit dem 19. Jahrhundert zu diesem Zweck gepflanzt.

Strandkiefer

(Seekiefer)

Pinus pinaster

Blütezeit

J F M A M J J A S O N D

Fruchtbildung

J F M A M J J A S O N D

Standort

Die Schwarzkiefer stammt aus Österreich und von der Balkanhalbinsel. Sie wird als Zierpflanze genutzt, aber auch zur Wiederaufforstung.

Erscheinungsbild

Die Schwarzkiefer ist ein großer, knorriger Baum mit kräftigen Ästen und dichtem Laubwerk. Sie wird bis zu 40 Meter hoch.

Rinde

Die Rinde ist dunkelgrau und bildet im Lauf der Zeit breite schwarze Risse aus.

Blätter

Die Nadeln sind von mittlerer Größe (7 bis 14 cm) und wachsen paarig und in Büscheln auf allen Seiten der Zweige.

Früchte

Die Blüten sind gelb und öffnen sich im Frühjahr. Die Zapfen sind mittelgroß (bis zu 8 cm) und graubraun. Wenn sie reif sind, setzen sie geflügelte Samen frei, die vom Wind verstreut werden.

Besonderheiten

Früher wurde die Schwarzkiefer zur Gewinnung von Harz genutzt, aus dem dann Kolophonium und Terpentin hergestellt wurden.

Schwarzkiefer
(Schwarzföhre)
Pinus nigra

Blütezeit

J F M **A M J** J A S O N D

Fruchtbildung

J F M A M J J **A S O** N D

35

Standort

Das natürliche Verbreitungsgebiet der Pinie ist der Mittelmeerraum. Oft wird sie auch in Parkanlagen und Gärten angepflanzt.

Erscheinungsbild

Die Pinie ist ein großer Baum mit hohem Stamm und wird bis zu 20 Meter hoch. Bei alten Exemplaren bilden die kräftigen Äste eine ausladende Krone in Form eines Sonnenschirms.

Rinde

Die Rinde ist grau-orange, weist für gewöhnlich viele Risse auf und bildet große, vertikal verlaufende Schuppen.

Blätter

Die steifen, spitzen Nadeln sind paarig angeordnet und vergleichsweise lang (bis zu 17 cm). Ihre Farbe reicht, je nach Alter, von hellgrün bis bläulich-grün.

Früchte

Die kleinen gelben Blüten öffnen sich im Frühjahr. Die Zapfen sind breit und sehr groß (10 bis 15 cm). Ihre Samen, die Pinienkerne, sind nicht geflügelt und essbar.

Besonderheiten

Wie die meisten Kiefernarten wird auch die Pinie oft vom Prozessionsspinner befallen.

Pinie

(Mittelmeerkiefer)

Pinus pinea

Blütezeit	Fruchtbildung
J F M A M J J A S O N D	J F M A M J J A S O N D

Standort

In der Natur findet man die Waldkiefer für gewöhnlich in Bergregionen, sie wird jedoch auch als Zierbaum verwendet.

Erscheinungsbild

Im Verbund mit anderen Bäumen bildet die Waldkiefer eine hoch aufragende, kegelförmige Krone, freistehende Exemplare sind dagegen eher rundlich. Sie wird bis zu 35 Meter hoch.

Rinde

Die Rinde ist anfangs rötlich-grau, wird dann jedoch grau und bildet braune bzw. rötliche Risse.

Blätter

Die Nadeln sind mittelgroß (5 bis 7 cm), füllig, manchmal gebogen und wachsen paarig auf allen Seiten der Zweige.

Früchte

Die Zapfen sind ziemlich klein (5 bis 8 cm) und fallen nach zwei Jahren Reifezeit vom Baum. Anfangs sind sie grün und schmal, werden dann graubraun, öffnen sich und setzen geflügelte Samen frei, die vom Wind verstreut werden.

Besonderheiten

Weil die Waldkiefer sich leicht an die unterschiedlichsten Umgebungen anpasst, wird sie häufig bei Aufforstungen verwendet.

Waldkiefer
(Waldföhre)
Pinus sylvestris

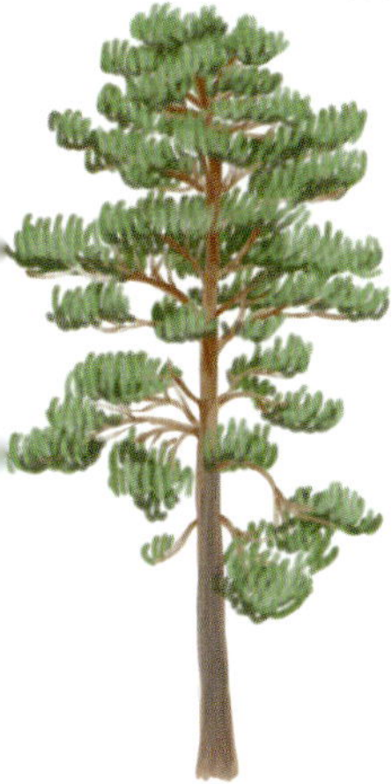

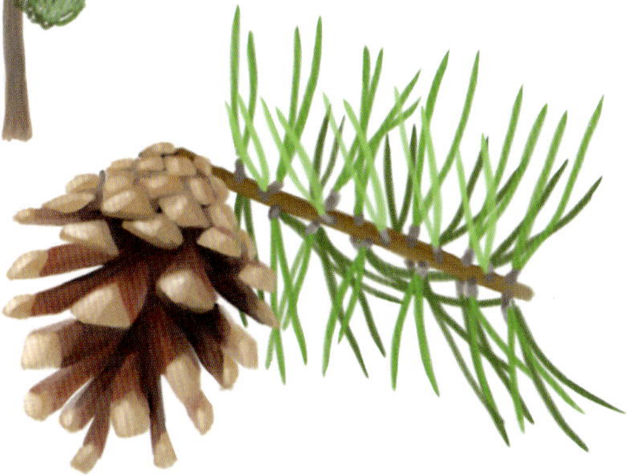

Blütezeit

J	F	M	**A**	**M**	J	J	A	S	O	N	D

Fruchtbildung

J	F	M	A	M	J	J	A	**S**	**O**	N	D

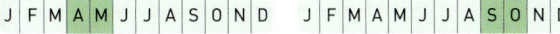

Standort

Die Zypresse ist im gesamten Mittelmeerraum heimisch. In gemäßigten Zonen findet man sie auch auf Friedhöfen sowie in Gärten und Parks.

Erscheinungsbild

Die Zypresse hat die charakteristische Form einer schmalen Säule.

Rinde

Die graubraune Rinde ist faserig und in Längsrichtung strukturiert.

Blätter

Die Enden der Zweige sind verästelt, grün und buschig. Die Blätter liegen in vier Reihen geschuppt übereinander.

Früchte

Die gelben Blüten öffnen sich gegen Ende des Winters. Die graubraunen, kugelförmigen »Zapfen« haben einen Durchmesser von ca. 3 cm und bestehen aus zehn übereinanderliegenden Samenschuppen. Sie reifen ein Jahr lang am Baum und setzen dann ihre geflügelten Samen frei.

Besonderheiten

Früher wurde das unverrottbare Holz der Zypresse im Schiffsbau und zur Herstellung von Särgen für hochrangige Persönlichkeiten verwendet. Noch heute wird es von Kunsthandwerkern geschätzt.

Zypresse

(Säulenzypresse, Italienische Zypresse)

Cupressus sempervirens

Blütezeit

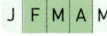
J F M A M J J A S O N D

Fruchtbildung

J F M A M J J A S O N D

Standort

Der Riesenmammutbaum stammt aus dem Westen der USA und wurde im 19. Jahrhundert nach Europa importiert, wo er heute in Parks und Gärten zu finden ist.

Erscheinungsbild

Er gehört zu den größten Baumarten der Welt, wird in Europa jedoch nur 40 bis 50 Meter hoch. Der Baum wächst aufrecht, bildet eine kegelförmige Krone und hat vergleichsweise dünne Äste. Er kann mehrere Tausend Jahre alt werden, und der Stammdurchmesser kann bis zu 8 Meter betragen.

Rinde

Die rötlich-orangefarbene Rinde ist sehr dick, faserig und in Längsrichtung strukturiert.

Blätter

Auf den Zweigen wachsen kleine, spitze Blätter, die 4 mm breit sind und nach Anis riechen. Sie liegen schuppenartig übereinander und sind spiralförmig angeordnet.

Früchte

Die Zapfen sind etwa 5 cm lang und setzen nach der Reife kleine Samen frei, die jeweils zwei Flügel tragen.

Besonderheiten

Der Küstenmammutbaum *Sequoia sempervirens*, der vereinzelt auch in Deutschland angepflanzt wird, hat flache, nebeneinander angeordnete Blätter.

Riesenmammutbaum

Sequoiadendron giganteum

Riesen-
mammutbaum

Küstenmammutbaum

Blütezeit

J	F	M	A	M	J	J	A	S	O	N	D

Fruchtbildung

J	F	M	A	M	J	J	A	S	O	N	D

Standort

Der Ginkgo stammt aus China, ist jedoch auch in Europa weit verbreitet, wo er in Gärten und Parks sowie an Straßen als Zierbaum verwendet wird. Er wächst so gut wie nirgendwo wild.

Erscheinungsbild

Der Ginkgo ist von mittlerer Größe, wird bis zu 30 Meter hoch und kann über tausend Jahre alt werden.

Rinde

Die graubraune Rinde ist bei jungen Bäumen noch glatt, bildet im Lauf der Zeit jedoch Risse und Scharten.

Blätter

Die Blätter sind von hellgrüner Farbe, fächerförmig und in der Mitte tief eingeschnitten. Im Herbst färben sie sich gelb.

Früchte

Die Früchte sind gelb und eiförmig. Man sieht sie jedoch nur selten, weil die weiblichen Pflanzen einen abstoßenden Geruch verbreiten und daher meist nicht gezüchtet werden.

Besonderheiten

Der Ginkgo ist ein sogenanntes lebendes Fossil und weitaus älter als die meisten anderen Baumarten. Die Familie, der er angehört, existierte schon vor den Dinosauriern, und der Ginkgo hat als einzige Art dieser Familie überlebt. Er heißt auch Vierzig-Taler-Baum, weil diese Summe angeblich für das erste aus Fernost eingeführte Exemplar gezahlt wurde.

Ginkgo
(Vierzig-Taler-Baum)
Ginkgo biloba

Belaubung im Herbst

Blütezeit

J F M A M J J A S O N D

Fruchtbildung

J F M A M J J A S O N D

Standort

Der Judasbaum wird bei uns meist in Parks und Gärten angepflanzt. Sein natürlicher Verbreitungsraum liegt in den südlichen Mittelmeerländern. Er bevorzugt trockene Böden.

Erscheinungsbild

Der Judasbaum wird nur bis zu 10 Meter hoch. Seine Äste sind bisweilen stark verzweigt, und oft wirkt er eher wie ein Busch als wie ein Baum.

Rinde

Die Rinde ist grau und glatt, bildet im Lauf der Jahre jedoch vertikale Furchen.

Blätter

Die Blätter sind groß, rund, nicht gezackt und von hellem Grün. Der Blattstiel ist vergleichsweise lang.

Früchte

Die Blüten sind für gewöhnlich von intensivem Lila und besitzen keinen Blütenstiel. Die Früchte sind braune Schoten, die jeweils etwa zehn Samen enthalten und bis zum Winter am Baum hängen bleiben.

Besonderheiten

Während der Blütezeit besuchen Bienen und Hummeln den Judasbaum mit Vorliebe, und die Samen sind ein Leckerbissen für Blaumeisen und Kohlmeisen.

Judasbaum

(Liebesbaum)

Cercis siliquastrum

Blüte im Frühjahr

Laub-bäume

Blütezeit

| J | F | M | A | M | J | J | A | S | O | N | D |

Fruchtbildung

| J | F | M | A | M | J | J | A | S | O | N | D |

Standort

Die Schwarzerle kommt in ganz Europa natürlich vor und wird nur selten angepflanzt. Sie wächst häufig am Rand von Fließgewässern und auf feuchten Böden.

Erscheinungsbild

Die Krone ist kegel- oder pyramidenförmig. Die Schwarzerle wird bis zu 25 Meter hoch, und ihre Äste sind für gewöhnlich krumm.

Rinde

Die Rinde ist braun, oft rissig und segmentiert und weist zahlreiche vertikale Scharten auf.

Blätter

Die Blätter sind rund, dunkelgrün und leicht unregelmäßig gezackt, die Spitzen abgeflacht.

Früchte

Die Früchte sind kleine dunkelbraune Zapfen. Sie hängen die meiste Zeit des Jahres am Baum und öffnen sich im Herbst, um ihre Samen freizusetzen.

Besonderheiten

Die Wurzeln bilden kleine Knoten, in denen sich Bakterien ansammeln, die mit dem Baum in Symbiose leben: Sie binden den in der Luft enthaltenen Stickstoff und reichern damit den Boden an. Im Austausch dafür liefert ihnen der Baum Kohlenstoffverbindungen, die sie für ihr Wachstum brauchen.

Schwarzerle

Alnus glutinosa

abgeflachte Blattspitze

Blütezeit

J F M A M J J A S O N D

Fruchtbildung

J F M A M J J A S O N D

Standort

Der Trompetenbaum ist häufig in Parks und Gärten sowie an Straßen zu finden. Er lässt sich leicht in großer Menge vermehren.

Erscheinungsbild

Der Trompetenbaum ist von mittlerer Größe und wird bis zu 18 Meter hoch. Der Stamm ist oft kurz und geneigt, die Äste wachsen dicht nebeneinander und sind sehr ausladend.

Rinde

Die Rinde ist bräunlich-orange und geschuppt.

Blätter

Die Blätter sind sehr groß, hellgrün und besitzen einen langen, unbehaarten Stiel. Bei jungen Trieben sind sie manchmal gelappt, und wenn man sie zerreibt, verströmen sie einen unangenehmen Geruch.

Früchte

Die weißen, in Trauben wachsenden Blüten ziehen zahlreiche Bestäuber an, vor allem Bienen. Die Früchte sind lange, herabhängende Schoten (ca. 20 bis 50 cm) und bleiben den ganzen Winter am Baum hängen.

Besonderheiten

Der Trompetenbaum stammt aus Nordamerika. Sein wissenschaftlicher Name beinhaltet die Bezeichnung, die die amerikanischen Ureinwohner ihm gegeben haben: »Catawba«.

Trompetenbaum

Catalpa bignonioides

Blütezeit

J F M A M **J J** A S O N D

Fruchtbildung

J F M A M J J **A S O N D**

51

Standort

Die Schwarze Maulbeere wird seit der Antike im gesamten Mittelmeerraum angepflanzt und ist heute in gemäßigten Zonen in Gärten und Parks zu finden.

Erscheinungsbild

Dieser kleine Baum hat oft einen schrägen Stamm und wird bis zu 15 Meter hoch. Seine Äste sind krumm und sein Laubwerk ist sehr dicht.

Rinde

Die Rinde ist bräunlich-orange und schorfig.

Blätter

Die Blätter sind groß (10 cm), dunkelgrün, dick und vielfach gezackt. Auf der Unterseite tragen sie einen leichten Flaum.

Früchte

Die Früchte haben keinen Blütenstiel, sind klein, rötlich-schwarz und essbar. Vorsicht: Sie sind sehr empfindlich und machen Flecken!

Besonderheiten

Eine verwandte Art, die Weiße Maulbeere, ist die wichtigste Maulbeerart für die Seidenraupenzucht. Außerdem dient sie in Gärten und Alleen oft als Schattenspender. Ihre Blätter sind gelappt, wie die des Feigenbaums.

Schwarze Maulbeere

Morus nigra

Blütezeit

J F M A M J J A S O N D

Fruchtbildung

J F M A M J J A S O N D

Standort

Der Haselnussbaum ist weit verbreitet. Man findet ihn in Wäldern, in Hecken und manchmal auch im Niederwald. Zum Gedeihen braucht er nährstoffreiche Böden.

Erscheinungsbild

Die Hasel bildet Büsche oder kleine Bäume mit bis zu 15 Metern Höhe. Sie hat für gewöhnlich mehrere Stämme, die einer gemeinsamen Basis entspringen und aufrecht wachsen.

Rinde

Die Rinde ist glatt, von bräunlicher Farbe und bildet im Lauf der Zeit Risse.

Blätter

Die Blätter sind rund, weich und stark gezackt. Das obere Ende läuft spitz zu.

Früchte

Die gelblichen, nach unten hängenden Blüten öffnen sich am Ende des Winters, lange bevor die Blätter sprießen. Die Haselnüsse werden von einer fleischigen Hülle geschützt. Für Nagetiere und Vögel sind sie ein Leckerbissen.

Besonderheiten

Der Haselnussbaum ist eine »magische« Pflanze und spielt in zahlreichen Mythen eine Rolle. Druiden und Zauberer verwendeten seine Zweige, und manchen Sagen zufolge machten Hexen daraus ihre Besen.

Haselnussbaum

Corylus avellana

Laub-bäume

Blütezeit

J F M A M J J A S O N D

Fruchtbildung

J F M A M J J A S O N D

Standort

Die Sommerlinde kommt in ganz Deutschland sowie in Mittel- und Südeuropa vor. Sie wächst relativ selten wild und ist meist in Gärten oder Parks zu finden.

Erscheinungsbild

Dieser majestätische Baum bildet eine ausladende Krone und wird bis zu 40 Meter hoch.

Rinde

Bei jungen Bäumen ist die Rinde grau und glatt, an älteren Exemplaren bilden sich schmale vertikale Furchen.

Blätter

Die Blätter sind groß (8 bis 10 cm), rund und gezackt. Das obere Ende läuft spitz zu. Sie sind dunkelgrün und tragen einen leichten Flaum.

Früchte

Die Blüten haben fünf Blütenblätter, sind weiß und gelb, hängen nach unten und verströmen einen starken Duft. Die Früchte sind klein und rund, besitzen fünf Rippen und sind leicht behaart.

Besonderheiten

In vielen Orten Deutschlands gab es früher sogenannte Gerichtslinden, unter denen im Mittelalter das Dorfgericht abgehalten wurde. Aus den Blüten der Linde lässt sich ein wohlschmeckender Tee zubereiten.

Sommerlinde

Tilia platyphyllos

gerippte Früchte

Blütezeit

J F M A M J J A S O N D

Fruchtbildung

J F M A M J J A S O N D

Standort

Die Winterlinde ist in ganz Deutschland verbreitet. Sie bevorzugt Halbschatten und nährstoffreiche Böden, verträgt jedoch kein heißes Klima. Oft wird sie in Gärten und Parks angepflanzt.

Erscheinungsbild

Die Winterlinde ist ein sehr stattlicher Baum mit ausladender Krone und wird bis zu 30 Meter hoch.

Rinde

Bei jungen Bäumen ist die Rinde grau und glatt, bei älteren Exemplaren bilden sich schmale vertikale Furchen.

Blätter

Die Blätter sind kleiner als die der Sommerlinde (bis zu 8 cm). Sie sind rund und gezackt, und das obere Ende läuft spitz zu. Sie sind kaum behaart und tragen nur einen leichten Flaum an den Verzweigungen der Blattadern.

Früchte

Die Blüten haben fünf Blütenblätter und verströmen einen starken Duft. Die Früchte sind klein, rund und weisen keine Rippen auf.

Besonderheiten

Die Winterlinde ist leicht mit der Sommerlinde zu verwechseln, vor allem, weil sich beide Arten auch kreuzen können. Die Früchte der Winterlinde haben keine Rippen, ihre Blätter sind kleiner und deutlich weniger behaart.

Winterlinde

Tilia cordata

Laubbäume

glatte Früchte

Blütezeit

| J | F | M | A | M | J | J | A | S | O | N | D |

Fruchtbildung

| J | F | M | A | M | J | J | A | S | O | N | D |

Standort

Die Espe ist in ganz Deutschland verbreitet. Sie ist vor allem in Jungwäldern und an Waldrändern anzutreffen. In Bergregionen dringt sie bis auf 2000 Meter Höhe vor.

Erscheinungsbild

Die Espe ist langgestreckt und wächst aufrecht. Sie wird bis zu 30 Meter hoch, erreicht jedoch kein hohes Lebensalter.

Rinde

Bei jungen Bäumen ist die Rinde glatt und von gedecktem Weiß. Im Lauf der Jahre wird sie grau und unregelmäßig und bildet rautenförmige Aufsprünge.

Blätter

Die Blätter sind klein (4 bis 8 cm), im Frühjahr kupferfarben, im Sommer dunkelgrün und im Herbst gelb. Am Rand tragen sie unregelmäßige, große, abgerundete Zacken. Die Knospen sind lang und spitz und wachsen abwechselnd auf beiden Seiten der Zweige.

Früchte

Die Blüten erinnern an Kornähren. Die männlichen sind rötlich und die weiblichen grauweiß. Die Früchte sind weiß und behaart und werden vom Wind verstreut.

Besonderheiten

Die Espe heißt auch Zitterpappel, weil sich ihre Blätter schon beim geringsten Windhauch bewegen.

Espe

(Zitterpappel)

Populus tremula

Laubbäume

Rinde

Blütezeit

J F M A M J J A S O N D

Fruchtbildung

J F M A M J J A S O N D

Standort

Die Hängebirke ist in ganz Deutschland und Mitteleuropa verbreitet. Sie ist robust und passt sich den unterschiedlichsten Bedingungen an, braucht jedoch viel Licht. Häufig ist sie in Parks und Gärten zu finden.

Erscheinungsbild

Die Hängebirke hat einen schmalen Stamm, wächst aufrecht und wird bis zu 30 Meter hoch.

Rinde

An den Ästen ist die Rinde anfangs glatt und braun und wird mit der Zeit weiß. Am Stamm bildet sie im Lauf der Jahre Furchen und Risse sowie rautenförmige Ausstülpungen und nimmt dabei eine braun-schwarze Farbe an.

Blätter

Die Blätter sind klein, dreieckig oder rautenförmig, stark gezackt und nicht behaart. Im Herbst werden sie goldgelb.

Früchte

Die Hängebirke bildet männliche Kätzchen und weibliche Blüten, deren winzige Samen vom Wind verstreut werden.

Besonderheiten

Im Frühjahr lässt sich Saft aus der Hängebirke gewinnen. Man kann ihn trinken oder gären lassen, sodass er zu Birkenwein wird.

Hängebirke

Betula pendula

Blütezeit	Fruchtbildung
J F **M A M** J J A S O N D	J F M A M J **J A S** O N D

Standort

Flieder wird sehr gerne als Schmuckpflanze verwendet und oft in Parks und Gärten angepflanzt.

Erscheinungsbild

Flieder wächst als Busch oder Baum und wird bis zu 7 Meter hoch. Er hat oft mehrere Stämme, und die Zweige laufen jeweils in zwei Knospen aus.

Rinde

Die Rinde ist braun-grün und bisweilen geschuppt.

Blätter

Die Blätter sind hellgrün und liegen einander an den Zweigen paarweise gegenüber. Sie sind dreieckig, glatt und nicht gezackt, laufen oben spitz zu und haben einen kurzen Stiel (2 bis 3 cm).

Früchte

Die Blüten wachsen überall auf dem Baum in dichten Trauben. Sie sind meist malvenfarben, bei manchen Arten jedoch auch weiß. Die Früchte sind kleine, glatte Kapseln.

Besonderheiten

Flieder ist ein sehr beliebter Strauch. Er wurde im 16. Jahrhundert aus den Gärten des osmanischen Reichs nach Westeuropa importiert.

Flieder

Syringa vulgaris

Blütezeit

J F M A M J J A S O N D

Fruchtbildung

J F M A M J J A S O N D

Standort

Die Schwarzpappel ist in ganz Deutschland und den gemäßigten Zonen Europas beheimatet. Sie bevorzugt feuchte Böden.

Erscheinungsbild

Die Schwarzpappel ist ein bis zu 40 Meter hoher, ausladender Baum. Die nach außen wachsenden Äste sind dick und gebogen. Von den Ästen und vom Stamm gehen büschelweise viele Zweige ab.

Rinde

Die Rinde ist von dunklem Graubraun, rau und gefurcht.

Blätter

Die Blätter sind klein (6 bis 8 cm), rauten- oder dreiecksförmig und laufen spitz zu. Ihr Rand ist fein gezackt. Am Blattansatz befinden sich keine Drüsen. Die Knospen sind spitz und liegen abwechselnd auf beiden Seiten der Zweige.

Früchte

Die Früchte sind weiß und behaart und werden vom Wind verstreut.

Besonderheiten

Die Italienische Pappel (*Populus nigra* Italica) wird oft in Alleen, Parks und Gärten angepflanzt. Sie ist an ihrer typischen geraden, langgestreckten Form erkennbar.

Schwarzpappel
Populus nigra

Blütezeit

J F M A M J J A S O N D

Fruchtbildung

J F M A M J J A S O N D

Standort

Die Mehlbeere ist in ganz Deutschland verbreitet, vor allem in Mittelgebirgsregionen.

Erscheinungsbild

Die Mehlbeere ist ein kleiner Baum mit kurzem Stamm. Sie wird bis zu 20 Meter hoch.

Rinde

Bei jungen Bäumen ist die Rinde grau. Im Lauf der Zeit bildet sie Furchen aus.

Blätter

Die Blätter sind breit, ca. 10 cm lang, gezackt und auf der Oberseite grün. Auf der weiß behaarten Unterseite treten die Blattadern deutlich hervor.

Früchte

Die weißen Blüten liegen an den Enden der Äste und öffnen sich im Frühjahr. Die roten Früchte wachsen in Trauben. In ihrem Inneren befinden sich jeweils zwei Kerne, umhüllt von gelbem, mehligem Fruchtfleisch. Sie sind essbar, für den Menschen jedoch nicht schmackhaft. Bei Vögeln sind sie dagegen sehr beliebt.

Besonderheiten

Nach dem ersten Frost kann man die roten Früchte ernten und daraus Marmelade herstellen.

Mehlbeere

Sorbus aria

Laub-
bäume

Oberseite

Unterseite

Blütezeit

J	F	M	A	M	J	J	A	S	O	N	D

Fruchtbildung

J	F	M	A	M	J	J	A	S	O	N	D

Standort

Das Hauptverbreitungsgebiet des Erdbeerbaums ist der Mittelmeerraum, man findet ihn aber auch an der Atlantikküste.

Erscheinungsbild

Der Erdbeerbaum ist ein kleiner, rundlicher, gedrungener Baum. Er wird bis zu 10 Meter hoch.

Rinde

Die Rinde ist graubraun und bisweilen geschuppt.

Blätter

Die Blätter sind lang und schmal (ca. 9 x 3 cm), fein gezackt und besitzen einen kurzen Stiel.

Früchte

Die weiß-gelben Blüten sind schellenförmig und haben einen kurzen Stiel. Die Früchte sind anfangs grün, dann gelb und schließlich, wenn sie reif sind, leuchtend rot. Das Fruchtfleisch ist orangefarben und enthält winzige Kerne. Die Früchte reifen ein Jahr lang am Baum und sind essbar.

Besonderheiten

Die Früchte kann man roh essen oder zu Marmelade oder Fruchtgelee verarbeiten. Man kann sie auch zur Gärung bringen und dann daraus alkoholische Getränke herstellen.

Erdbeerbaum

Arbutus unedo

Blütezeit

| J | F | M | A | M | J | J | A | S | O | N | D |

Fruchtbildung

| J | F | M | A | M | J | J | A | S | O | N | D |

Standort

Das natürliche Verbreitungsgebiet der Edelkastanie ist der Mittelmeerraum. Obwohl sie wärmeliebend ist, gibt es auch in Deutschland einige regionale Bestände.

Erscheinungsbild

Die Edelkastanie ist ein großer, ausladender Baum, der bis zu 35 Meter hoch wird. Manche Exemplare werden mehrere Tausend Jahre alt.

Rinde

Bei jungen Pflanzen ist die Rinde glatt und braun-grün. Mit der Zeit wird sie dunkelbraun und bildet vertikale Risse. Bei älteren Pflanzen verdrehen sich bisweilen die Äste und der Stamm.

Blätter

Die Blätter sind länglich, vergleichsweise schmal und am ganzen Rand spitz gezackt.

Früchte

Die Früchte werden von einer stacheligen hellgrünen Schale geschützt, die sich mit der Zeit braun färbt. Besonders Wildschweine fressen Kastanien sehr gern.

Besonderheiten

Die Edelkastanie wird seit der Antike auch angepflanzt. In manchen Regionen hat sie Getreide als Grundnahrungsmittel ersetzt.

Edelkastanie

Castanea sativa

Blütezeit

J F M A M J J A S O N D

Fruchtbildung

J F M A M J J A S O N D

Standort

Die Hainbuche ist in ganz Deutschland, Europa und Westasien zu finden. Sie verträgt warme Sommer, aber auch ungewöhnlich niedrige Temperaturen.

Erscheinungsbild

Die Hainbuche ist ein typischer Waldbaum. Sie wird bis zu 30 Meter hoch, hat dünne Äste und ragt meist hoch auf.

Rinde

Die Rinde ist glatt, grau-braun und horizontal gemasert, bildet mit der Zeit aber auch vertikale Furchen.

Blätter

Die Blätter sind an die 10 cm lang, stark gezackt und laufen oben spitz zu. Die Blattadern sind stark ausgeprägt.

Früchte

Die Blüten sind im Frühjahr gelb und hängen nach unten. Die Samenkörner sind grün und oval und sitzen in kleinen Deckblättern, die dreilappig und ca. 3 cm lang sind.

Besonderheiten

Das harte Holz der Hainbuche wird gerne zur Herstellung von Gebrauchsgegenständen verwendet, eignet sich aber auch hervorragend als Brennholz.

Hainbuche

Carpinus betulus

Laub-bäume

Samenkorn

Deckblatt

Blütezeit

J F M A M J J A S O N D

Fruchtbildung

J F M A M J J A S O N D

Standort

Die Steineiche ist hauptsächlich im Mittelmeerraum zu finden, aber etwa auch an der französischen Atlantikküste. In Deutschland gedeiht sie dagegen nur in sehr milden Regionen. Weil sie nicht leicht in Brand gerät, wird sie oft zur Aufforstung verwendet.

Erscheinungsbild

Die Steineiche ist von mittlerer Größe und wird bis zu 25 Meter hoch. Manche Exemplare werden über tausend Jahre alt.

Rinde

Die Rinde ist grau-schwarz und bildet im Lauf der Jahre Risse.

Blätter

Die Blätter sind dunkelgrün und oval und können unterschiedlich groß sein. Junge Blätter haben spitze Zacken. Die Unterseite ist behaart und pastellgrün.

Früchte

Die Früchte der Steineiche sind 1,5 bis 3 cm lang und werden von einem glatten Fruchtbecher geschützt. Sie wachsen jeweils paarweise an einem kurzen Stiel.

Besonderheiten

Mit der Steineiche verwandt ist die Korkeiche, deren Rinde vor allem für die Herstellung von Flaschenkorken verwendet wird.

Steineiche

Quercus ilex

Oberseite

Unterseite

Blütezeit

J	F	M	A	M	J	J	A	S	O	N	D

Fruchtbildung

J	F	M	A	M	J	J	A	S	O	N	D

Standort

Die Stechpalme findet sich in Deutschland in den Mittelgebirgen, im nördlichen Tiefland und im Alpenvorland. Oft wird sie auch in Parks und Gärten angepflanzt.

Erscheinungsbild

Die Stechpalme ist von dunklem Grün und kegelförmig. Sie wächst meist als Busch, kann aber auch bis zu 25 Meter hoch werden.

Rinde

Die Rinde ist glatt und von grün-brauner Farbe.

Blätter

Die Blätter sind dunkelgrün und hart und tragen am gesamten Rand spitze Zacken. Die Blätter, die ganz oben am Baum wachsen, haben nur am oberen Ende einen Zacken.

Früchte

Die weiblichen Pflanzen tragen Beeren, die einen sehr kurzen Stiel haben und jeweils zu mehreren eine Traube bilden. Sie sind äußerst giftig und bleiben bis zum Ende des Winters am Baum.

Besonderheiten

Die roten Früchte sind für den Menschen sehr giftig, nicht jedoch für Vögel, die sie sich gern schmecken lassen.

Stechpalme
(Ilex)
Ilex aquifolium

Laub-bäume

Blütezeit

J F M A M J J A S O N D

Fruchtbildung

J F M A M J J A S O N D

Standort

Die Vogelkirsche ist in ganz Deutschland und im gemäßigten Europa beheimatet. Man findet sie oft in Gärten und Obstplantagen.

Erscheinungsbild

Wenn sie Platz hat, entwickelt sich die Vogelkirsche zu einem ausladenden Baum, wobei die Zweige nach unten wachsen. Sie wächst schnell und wird bis zu 30 Meter hoch, erreicht jedoch kein hohes Alter.

Rinde

Die Rinde ist grau, schimmert rötlich und löst sich in horizontalen Streifen ab.

Blätter

Die Blätter sind groß, bis zu 10 cm lang, gezackt und mattgrün. Der Stiel ist vergleichsweise lang. Am Blattansatz liegen zwei rote Nektardrüsen.

Früchte

Die Vogelkirsche bildet ausnehmend viele weiße Blüten. Die Früchte der Wilden Vogelkirsche schmecken bittersüß und sind bei Vögeln sehr beliebt.

Besonderheiten

Die Bäume, die Süßkirschen tragen, sind gezüchtete Varietäten der Vogelkirsche. Ihre Früchte sind größer und resistenter gegen Krankheiten.

Vogelkirsche

Prunus avium

während der Blüte

Laub-bäume

Blütezeit

J F M A M J J A S O N D

Fruchtbildung

J F M A M J J A S O N D

Standort

Das natürliche Verbreitungsgebiet des Zürgelbaums liegt im Mittelmeerraum und auf der Balkanhalbinsel. Bisweilen wird er dort aber auch als Zierbaum verwendet. Er bevorzugt heißes Klima und verträgt keine späten Fröste.

Erscheinungsbild

Der Zürgelbaum ist von mittlerer Größe und wird bis zu 20 Meter hoch. Er kann mehrere Hundert Jahre alt werden.

Rinde

Die Rinde ist glatt und grau und ähnelt der Rinde der Buche.

Blätter

Die Blätter sind dunkelgrün, gezackt und von asymmetrischen Blattadern durchzogen. Ihre Unterseite ist grau und trägt einen leichten Flaum.

Früchte

Die Früchte sind klein und rund. Sie sind zunächst grün und werden schwarz, wenn sie reif sind. Sie sind essbar und bei Vögeln sehr beliebt.

Besonderheiten

Das Holz des Zürgelbaums ist leicht und weich. Häufig wird es zur Herstellung von Werkzeuggriffen, Musikinstrumenten oder Angelruten verwendet.

Zürgelbaum

Celtis australis

Blütezeit

J F M A M J J A S O N D

Fruchtbildung

J F M A M J J A S O N D

Standort

Die Ulme ist in ganz Deutschland beheimatet und wird auch gern als Schmuckbaum gepflanzt. Der Befall durch einen bestimmten Pilz hatte jedoch in jüngster Zeit ein weitreichendes Ulmensterben zur Folge.

Erscheinungsbild

Die Ulme ist ein großer Baum und wird bis zu 30 Meter hoch. Oben ist die Krone meist abgerundet.

Rinde

Die graubraune Rinde ist anfangs glatt, bildet mit der Zeit jedoch breite vertikale Risse, die sich manchmal auch überschneiden.

Blätter

Die Blätter sind glatt, glänzend grün, am Rand gezackt und laufen oben spitz zu. Der Blattansatz ist asymmetrisch und die Blattadern zweigen abwechselnd von der Hauptader ab.

Früchte

Die kleinen Früchte bestehen aus einer Nuss, die von einer ovalen Membran umschlossen ist, wodurch die Frucht vom Wind verbreitet werden kann.

Besonderheiten

Das Ulmensterben wird von einem Pilz verursacht, den ein Käfer überträgt. Dabei vertrocknen die oberen Äste des Baumes und der Baum stirbt ab.

Ulme

Ulmus minor

Laub-bäume

asymmetrischer Blattansatz

Blütezeit

J F M A M J J A S O N D

Fruchtbildung

J F M A M J J A S O N D

Standort

Birnbäume finden sich hauptsächlich in Gärten und Obstplantagen, wachsen aber auch wild.

Erscheinungsbild

Der Birnbaum ist, je nach Alter, ein kleiner bis mittelgroßer Baum und wird bis zu 20 Meter hoch. Er hat zahlreiche kurze Zweige und kann bis zu dreihundert Jahre alt werden.

Rinde

Die Rinde ist graubraun, mit vertikalen Furchen. Mit den Jahren wird sie rissig und bildet quadratische Felder.

Blätter

Die Blätter sind 4 bis 8 cm lang und sehr fein gezackt. Sie sind von leuchtendem Dunkelgrün und dicker als die Blätter des Apfelbaums. Der Blattstiel ist so lang wie das Blatt selbst.

Früchte

Die Blüten sind weiß und öffnen sich später als die Apfelblüten. Die Früchte fallen ganz verschieden aus, je nach Sorte.

Besonderheiten

Am besten erntet man Birnen, bevor sie ganz reif sind. So vermeidet man, dass sie zu Boden fallen.

Birnbaum
Pyrus communis

Blütezeit

J	F	M	A	M	J	J	A	S	O	N	D

Fruchtbildung

J	F	M	A	M	J	J	A	S	O	N	D

Standort

Der Holzapfel wächst in Wäldern und Gehölzen bis auf einer Höhe von 1100 Metern. Sein Hauptverbreitungsgebiet sind die Tieflandgebiete Mitteleuropas.

Erscheinungsbild

Der Holzapfel ist ein kleiner Baum mit unregelmäßigem Wuchs, der bis zu 16 Meter hoch wird. Junge Exemplare wachsen manchmal strauchartig und tragen Dornen.

Rinde

Die Rinde ist braun und geschuppt, mit vertikalen Furchen.

Blätter

Die Blätter haben abgerundete Zacken, sind von leuchtendem Grün und brüchig. Sie werden höchstens 6 cm groß und sind fast nicht behaart.

Früchte

Die Blüten sind weiß-rosa, je nach Unterart. Die Früchte sind hart und klein, mit einem Durchmesser von nicht mehr als 6 cm, und schmecken sehr säuerlich. Im Winter fallen sie zu Boden, wo Vögel und Wildschweine sich daran gütlich tun.

Besonderheiten

Der Holzapfel, wie er heute bei uns wächst, ist vermutlich nicht der Vorläufer unseres Kulturapfels. Genetische Untersuchungen zeigen, dass dieser von Varietäten abstammt, die ihren Ursprung in Kasachstan haben.

Holzapfel
(Wildapfel, Krabapfel)
Malus sylvestris

Laub-bäume

Blütezeit	Fruchtbildung
J F M A M J J A S O N D	J F M A M J J A S O N D

Standort

Der Schlehdorn ist in ganz Deutschland und Europa zu finden. Er wächst vor allem in Hecken und im Niederwald.

Erscheinungsbild

Der Schlehdorn ist ein kleiner, strauchartiger Baum, der bis zu 4 Meter hoch wird. Durch seinen dichten Wuchs werden Hecken bisweilen undurchdringlich. Seine zahlreichen Äste sind mit spitzen Dornen übersät.

Rinde

Die Rinde ist schwärzlich und leicht rau.

Blätter

Die kleinen Blätter sind 2 bis 4 cm lang und am Rand fein gezackt. Die Blattadern sind auf der Unterseite mit Härchen bewachsen.

Früchte

Die weißen Blüten haben fünf Blütenblätter und öffnen sich im Frühjahr, noch bevor die Blätter sprießen. Die Früchte (Schlehen) sind klein (1,5 cm), rund und blauschwarz. Sie schmecken bitter und werden hauptsächlich von Vögeln verzehrt, die dann die Samenkörner verbreiten.

Besonderheiten

Nach dem ersten Frost kann man die Schlehen pflücken und zur Herstellung von Marmelade, Kompott oder Likör verwenden.

Schlehdorn

(Schwarzdorn)

Prunus spinosa

während der
Blüte

Laub-
bäume

Blütezeit

J	F	M	A	M	J	J	A	S	O	N	D

Fruchtbildung

J	F	M	A	M	J	J	A	S	O	N	D

Standort

Der Pflaumenbaum wird schon seit langer Zeit wegen seiner Früchte angebaut. Man findet ihn meist in Gärten und Obstplantagen.

Erscheinungsbild

Der Pflaumenbaum ist ein kleiner, domestizierter Baum, der bis zu 10 Meter hoch wird. Er trägt für gewöhnlich keine Dornen und wird nicht sehr alt.

Rinde

Die Rinde ist rötlich grau, rau und gefurcht.

Blätter

Die Blätter sind von mittlerer Größe, brüchig und gezackt und laufen spitz zu. Die Blattadern sind auf der Unterseite leicht behaart.

Früchte

Die weißen Blüten haben fünf Blütenblätter und öffnen sich im Frühjahr, noch bevor die Blätter sprießen. Die Früchte sind von unterschiedlicher Größe und Farbe, je nach Sorte (z. B. Renekloden, Zwetschgen, Mirabellen).

Besonderheiten

Der Pflaumenbaum kam vermutlich durch Alexander den Großen nach Europa, der die Pflanze von seinen Feldzügen mit nach Griechenland brachte.

Pflaumenbaum

Prunus domestica

Laub-bäume

Blütezeit

J F M A M J J A S O N D

Fruchtbildung

J F M A M J J A S O N D

Standort

Die Salweide ist in ganz Deutschland und Europa verbreitet. Sie wächst bis auf 2000 Meter Höhe.

Erscheinungsbild

Die Salweide ist ein mittelgroßer Baum, dessen gebogene Äste eine kuppelförmige Krone bilden und der bis zu 20 Meter hoch wird. Sie wächst schnell, erreicht aber kein hohes Alter.

Rinde

Am Stamm ist die Rinde anfangs glatt und graugrün, wird mit der Zeit jedoch grau und bildet Risse sowie rautenförmige Aufsprünge.

Blätter

Die Blätter sind größer als die anderer Weidenarten. Die Oberseite ist brüchig, die Unterseite mit grauen Härchen besetzt. Die Blätter sind am Rand gezackt, oben laufen sie spitz zu.

Früchte

Sowohl die männlichen als auch die weiblichen Exemplare bilden gelblich silberfarbene Kätzchen. Die Frucht besteht aus einer Traube von Kapseln, die jeweils winzige Samenkörner enthalten. Diese tragen weiche Fäden und werden vom Wind verteilt.

Besonderheiten

Die frühe Blütezeit der Salweide kommt vor allem den Bienen zugute.

Salweide

Salix caprea

Kätzchen

Blütezeit

J F M A M J J A S O N D

Fruchtbildung

J F M A M J J A S O N D

Standort

Den Buchsbaum findet man vor allem in Parks und Gärten, wo er oft zu Hecken zurechtgeschnitten wird. Beheimatet ist er in Südeuropa, in Deutschland dagegen kommt er so gut wie nirgendwo natürlich vor.

Erscheinungsbild

Der Buchs ist ein kleiner Baum, der oft strauchförmig wächst und bis zu 12 Meter hoch wird. Sein Laubwerk ist sehr dicht, Stamm und Äste sind gewunden. Er wächst sehr langsam und kann mehrere Hundert Jahre alt werden.

Rinde

Die Rinde ist grau-beige, rau und rissig.

Blätter

Die Blätter haben keinen Stiel und sind klein, je nach Standort 1 bis 3 cm. Sie sind oval, hart, glatt und von leuchtender Farbe, hellgrün bei jungen Pflanzen, dunkelgrün bei älteren.

Früchte

Die Früchte sind Kapseln, die erst grün sind und dann braun werden. Sie haben drei »Hörner« und einen Durchmesser von etwa 10 mm.

Besonderheiten

Die Raupe des Buchsbaumzünslers, einer Schmetterlingsart, verursacht in ganz Europa schwere Schäden an Buchsbaumbeständen.

Buchsbaum

Buxus sempervirens

Laub-bäume

Blütezeit

J	F	M	A	M	J	J	A	S	O	N	D

Fruchtbildung

J	F	M	A	M	J	J	A	S	O	N	D

Standort

Der Quittenbaum wird in Europa schon lange angepflanzt, vor allem in Weinbaugebieten. Er ist aber auch in Gärten und Parks zu finden.

Erscheinungsbild

Die Quitte ist ein kleiner Baum, der manchmal strauchartig wächst und bis zu 8 Meter hoch wird.

Rinde

Die Rinde ist glatt und grau, die Zweige sind dunkelbraun.

Blätter

Die Blätter sind groß (bis zu 10 cm lang), oval und an den Rändern glatt. Oft sind sie gewellt und leicht gebogen. Der Blattstiel ist sehr kurz.

Früchte

Die weiß-rosa Blüten sind groß (5 bis 6 cm) und haben fünf Blütenblätter. Die Früchte verströmen einen angenehmen Duft, das Fruchtfleisch ist jedoch hart und schmeckt bitter. Man verzehrt Quitten in Form von Gelee oder Mus oder bäckt sie einfach im Ofen.

Besonderheiten

Die Quitte wird häufig in der griechischen Mythologie erwähnt. Sie gilt als Attribut der Göttin Aphrodite.

Quittenbaum

Cydonia oblonga

Laub-bäume

Blütezeit

| J | F | M | A | M | J | J | A | S | O | N | D |

Fruchtbildung

| J | F | M | A | M | J | J | A | S | O | N | D |

Standort

Der Rote Hartriegel ist weit verbreitet. Er wächst vor allem in Hecken und auf kalkhaltigen Böden.

Erscheinungsbild

Der Rote Hartriegel ist ein kleiner Baum, der oft strauchartig wächst und bis zu 8 Meter hoch wird.

Rinde

Die Rinde ist graugrün, junge Zweige sind leuchtend rot.

Blätter

Die Blätter sind im Sommer grün und färben sich im Herbst scharlachrot. Sie sind glatt, leicht gebogen, laufen oben spitz zu und haben auf jeder Seite drei bis fünf ausgeprägte Blattadern. Zerreißt man ein Blatt vorsichtig, halten dünne Fasern die beiden Hälften zusammen.

Früchte

Die weißen Blüten öffnen sich zu Beginn des Sommers. Die Früchte sind kleine schwarze Beeren mit weniger als 1 cm Durchmesser. Sie sind giftig, wachsen in Trauben und bleiben bis Dezember am Baum hängen.

Besonderheiten

Eine dem Roten Hartriegel verwandte Art ist die Kornelkirsche. Sie trägt rote Beeren, die essbar sind.

Roter Hartriegel
(Hundsbeere)
Cornus sanguinea

ausgeprägte
Blattadern

Blütezeit

J F M A M J J A S O N D

Fruchtbildung

J F M A M J J A S O N D

Standort

Die Rotbuche ist in ganz Deutschland und weiten Teilen Europas verbreitet und die häufigste Laubbaumart in deutschen Wäldern. Sie wächst vor allem in feucht-gemäßigtem Klima.

Erscheinungsbild

Die Rotbuche ist ein großer Baum mit dichtem Laubwerk, der bis zu 40 Meter hoch wird. Sie bildet oft Buchenwälder, in denen im Herbst der Boden mit kupferfarbenen Blättern bedeckt ist.

Rinde

Die Rinde ist silbrig grau, mit flachen horizontalen Furchen.

Blätter

Die Blätter sind manchmal leicht gezackt, ansonsten jedoch glatt. Sie sind oval, von glänzendem Grün und etwas fester. Im Herbst färben sie sich kupferfarben, bleiben dann den Winter über am Baum und fallen im Frühjahr.

Früchte

Die Früchte (Bucheckern) bestehen aus einer Schutzhülle (Fruchtbecher) mit harten Härchen, die sich im Herbst öffnet und die braunen, dreieckigen Samenkörner freisetzt.

Besonderheiten

Bucheckern kann man, so wie Kastanien, gegrillt essen, aber auch anderweitig in der Küche einsetzen.

Rotbuche

Fagus sylvatica

Blütezeit

J F M A M J J A S O N D

Fruchtbildung

J F M A M J J A S O N D

Standort

Lorbeer wächst im Mittelmeerraum wild, in gemäßigten Klimazonen dagegen meist in Gärten. In Deutschland überlebt er ohne Winterschutz nur in sehr milden Regionen.

Erscheinungsbild

Lorbeer ist ein kleiner, dicht bewachsener Baum, der oft strauchartig wächst. Er ist kegelförmig und wird bis zu 15 Meter hoch.

Rinde

Die Rinde ist grau, die Zweige sind grün.

Blätter

Die rund 10 cm langen Blätter sind schmal, dünn und hart und haben einen gewellten Rand. Wenn man sie zerreibt, verströmen sie einen wohlriechenden Duft.

Früchte

Die Blüten sind gelb, liegen am Blattansatz und öffnen sich im Frühjahr. Die eiförmigen Früchte sind anfangs grün und in reifem Zustand schwarz. Sie werden vor allem von Vögeln gefressen, die dann die Samenkörner verbreiten.

Besonderheiten

Der Echte Lorbeer ist leicht mit dem Oleander zu verwechseln, einer giftigen Zierpflanze, deren Blätter länger und schmaler und deren Blüten leuchtend rosa oder weiß sind.

Lorbeer
(Gewürzlorbeer)
Laurus nobilis

Blütezeit

J	F	M	A	M	J	J	A	S	O	N	D

Fruchtbildung

J	F	M	A	M	J	J	A	S	O	N	D

Standort

Die Immergrüne Magnolie stammt aus Nordamerika. In Parks und Gärten findet man sie auch bei uns, niedrige Temperaturen verträgt sie jedoch nur bedingt.

Erscheinungsbild

Die Magnolie ist ein mittelgroßer Baum, der bis zu 14 Meter hoch wird. Sie bildet eine ausladende, kuppelförmige und oft unregelmäßige Krone.

Rinde

Die Rinde ist grau und bildet im Lauf der Jahre Schuppen.

Blätter

Die Blätter sind sehr groß, bis zu 25 cm lang, glatt und glänzend. Auf der Oberseite sind sie dunkelgrün, auf der Unterseite braun.

Früchte

Die Blüten sind weiß, wohlriechend und sehr groß, mit bis zu 25 cm Durchmesser. Die Früchte sind eiförmig und anfangs grün, in reifem Zustand rot.

Besonderheiten

Die Magnolie ist nach Pierre Magnol benannt, einem Botaniker des 17. Jahrhunderts, der aus Montpellier stammte. In kälteren Regionen ist häufiger eine verwandte Art der Immergrünen Magnolie anzutreffen, die Tulpenmagnolie, ein sommergrüner Baum, der sehr früh im Jahr blüht.

Magnolie
Magnolia grandiflora

Laub-bäume

Oberseite

Unterseite

Blütezeit

| J | F | M | A | M | J | J | A | S | O | N | D |

Fruchtbildung

| J | F | M | A | M | J | J | A | S | O | N | D |

Standort

Das natürliche Verbreitungsgebiet der Mispel liegt in Westasien und im östlichen Mittelmeerraum, sie wird aber auch in Mitteleuropa kultiviert. Die Mispel stellt geringe Ansprüche an ihren Standort und verträgt Frost.

Erscheinungsbild

Die Mispel ist ein kleiner, robuster Baum, der bis zu 6 Meter hoch wird. Sie bildet eine ausladende Krone, ihre Äste sind oft krumm und wachsen unregelmäßig.

Rinde

Die Rinde ist grau-braun und blättert ab.

Blätter

Die Blätter sind groß und werden bis zu 16 cm lang. Sie sind gefurcht, von blassgrüner Farbe und auf der Unterseite leicht behaart. Der Blattstiel ist sehr kurz.

Früchte

Die weißen Blüten haben einen Durchmesser von 3 bis 4 cm. Die Früchte sind rund und braun und haben keinen Stiel. Man verzehrt sie in überreifem Zustand – roh, zu Saft, Marmelade oder Kompott verarbeitet, oder im Kuchen.

Besonderheiten

Das dichte, harte Holz der Mispel wird zur Herstellung von Werkzeuggriffen und Wanderstöcken verwendet.

Mispel

Mespilus germanica

Blütezeit

J F M A M J J A S O N D

Fruchtbildung

J F M A M J J A S O N D

Standort

Der Sanddorn findet sich in zahlreichen Regionen Deutschlands und des nordwestlichen Europas. Er bevorzugt kalkhaltige Böden in sonniger Lage.

Erscheinungsbild

Der Sanddorn ist ein kleiner, dorniger Baum, der strauchartig wächst und bis zu 12 Meter hoch wird.

Rinde

Am Stamm ist die Rinde grau-braun und mitunter geschuppt. Auf den Zweigen finden sich zahlreiche Dornen.

Blätter

Die Blätter sind lang (5 cm) und sehr schmal, auf der Oberseite von stumpfem Grün und auf der Unterseite silbrig. Der Blattstiel ist sehr kurz.

Früchte

Die Früchte sind kleine orangefarbene Beeren ohne Stiel und mit einem Durchmesser von 6 bis 8 mm. Sie wachsen zu allen Seiten der Zweige und werden vor allem von Vögeln gefressen.

Besonderheiten

Aus den Früchten des Sanddorns wird unter anderem Saft, Kompott und Marmelade hergestellt. Der Baum wird für Schutzhecken und zur Befestigung von Böschungen verwendet.

Sanddorn

Hippophae rhamnoides

Blütezeit

J F M A M J J A S O N D

Fruchtbildung

J F M A M J J A S O N D

Standort

Der Eukalyptus stammt aus dem südlichen Ozeanien. In Europa wird er vor allem im Mittelmeerraum angebaut.

Erscheinungsbild

Der Eukalyptus ist ein großer Baum, der bis zu 45 Meter hoch wird. Der Stamm wächst gerade, das Laubwerk ist dicht und die Krone kegelförmig.

Rinde

Die Rinde windet sich spiralförmig um den Stamm und ist glatt und grau. Sie blättert in großen Stücken ab.

Blätter

Die Blätter sind zunächst groß und silbrig. Mit der Zeit werden sie länglich (bis zu 30 cm), hängen herab und leuchten dunkelgrün.

Früchte

Die Blüten sind mattweiß und wachsen direkt am Blattansatz. Die Früchte haben einen Durchmesser von ca. 3 cm, sind gerippt, hart und holzig.

Besonderheiten

Weil Eukalyptus sehr schnell wächst, wird er zunehmend auch in Europa angebaut. Allerdings laugt er den Boden aus, beeinträchtigt die Artenvielfalt und gerät leicht in Brand.

Eukalyptus
(Blauer Eukalyptus)
Eucalyptus globulus

Blütezeit

Fruchtbildung

J F M A M J J A S O N D   J F M A M J J A S O N D

113

Standort

Der Olivenbaum wächst vor allem im Mittelmeerraum, sowohl wild als auch in Pflanzungen. Er dient zudem als Zierpflanze, gedeiht jedoch nur in mildem Klima.

Erscheinungsbild

Der Olivenbaum ist ein kleiner Baum mit stark verwachsenen und verzweigten Ästen. Er wird bis zu 15 Meter hoch und kann mehrere Hundert Jahre alt werden. Manche Exemplare sind sogar über zweitausend Jahre alt.

Rinde

Die Rinde ist grau und glatt, bildet im Lauf der Zeit jedoch Furchen.

Blätter

Die Blätter sind lang und schmal (8 x 2 cm), relativ hart und haben einen sehr kurzen Stiel. Die Unterseite ist silbrig und leicht behaart.

Früchte

Die weißgelben, wohlriechenden Blüten wachsen in Büscheln am Blattansatz. (Achtung: Der Pollen ist allergen.) Die Oliven sind erst grün, dann schwarz.

Besonderheiten

Oliven werden in der Küche und zur Gewinnung von Öl genutzt. Weil das Holz des Olivenbaums hart und fein gemasert ist, wird es gern im Kunsthandwerk verwendet.

Olivenbaum

Olea europaea

Laub-bäume

Oberseite

Unterseite

Blütezeit

J F M A M J J A S O N D

Fruchtbildung

J F M A M J J A S O N D

Standort

Die Silberweide wächst wild in ganz Mitteleuropa. Man findet sie vor allem am Ufer von Flüssen und Seen.

Erscheinungsbild

Die Silberweide ist ein großer Baum mit kurzem Stamm, der oftmals schräg wächst. Ihre dicken Äste wachsen nach oben, und sie wird bis zu 25 Meter hoch. Um das Wachstum zu begrenzen, werden Silberweiden häufig zu sogenannten Kopfweiden zurückgeschnitten.

Rinde

Die Rinde ist grau und bildet vertikale, sich kreuzende Risse.

Blätter

Die Blätter sind lang und schmal, laufen oben spitz zu und sind fein gezackt. Die Unterseite ist grau und behaart, der Blattstiel kurz.

Früchte

Die Blüten sind gelb und wachsen am Blattansatz. Die Früchte sind kleine, behaarte Körner, die vom Wind verteilt werden.

Besonderheiten

Die biegsamen Zweige der Silberweide werden in der Korbflechterei verwendet. Vertreter der Bruchweide, einer verwandten Art, erkennt man an ihrem braunen Stamm sowie an den Blättern, deren Unterseite nicht behaart ist.

Silberweide

Salix alba

Oberseite

Unterseite

Laub-
bäume

Blütezeit

J F M A M J J A S O N D

Fruchtbildung

J F M A M J J A S O N D

Standort

Die Trauerweide wird seit dem 19. Jahrhundert vielfach angepflanzt. Man findet sie vor allem am Ufer von Seen und Wasserläufen.

Erscheinungsbild

Die Trauerweide ist ein großer, ausladender Baum mit krumm wachsenden Ästen. Ihre Zweige hängen nach unten und reichen oft bis zum Boden. Sie wird bis zu 20 Meter hoch.

Rinde

Die Rinde ist graubraun, mit zahlreichen vertikalen Furchen, die sich oftmals kreuzen.

Blätter

Die Blätter sind lang und schmal, fein gezackt und laufen oben spitz zu. Die Unterseite ist pastellgrün, bei manchen Varietäten auch gelb.

Früchte

Die gelben Blüten wachsen am Ansatz der Blattstiele. Die Früchte sind kleine, behaarte Körner und werden vom Wind verteilt.

Besonderheiten

Von der Trauerweide existieren zahlreiche Varietäten, deren Zweige verschiedene Gelbtöne besitzen und deren Äste mehr oder weniger stark gekrümmt sind. Die Trauerweide kreuzt sich oft mit der Silberweide, einer verwandten Art.

Trauerweide
(Babylonische Trauerweide)
Salix babylonica

Laub-bäume

Unterseite

Blüte

Oberseite

Blütezeit

Fruchtbildung

J F M A M J J A S O N D

J F M A M J J A S O N D

Standort

Der Götterbaum stammt aus China und ist heute in ganz Mitteleuropa verbreitet. Weitgehend resistent gegen Luftverschmutzung, findet man ihn oft am Rand von Straßen, in Großstädten und in Gärten.

Erscheinungsbild

Der Götterbaum wächst schnell und wird bis zu 28 Meter hoch, erreicht jedoch kein hohes Alter. Die weit ausladenden Äste sind oft krumm.

Rinde

Die Rinde ist grau und glatt oder mit leichten Längsrissen.

Blätter

Die zusammengesetzten Blätter sind sehr groß und bestehen aus etwa zwanzig Blättchen, die zu beiden Seiten an einem mittleren Blattstiel wachsen. Wenn man sie zerreibt, verströmen sie einen durchdringenden, unangenehmen Geruch.

Früchte

Die weiblichen Exemplare tragen Bündel von Samenkörnern, die jeweils von einer rötlich beigefarbenen Membran umschlossen sind und vom Wind verteilt werden.

Besonderheiten

Im 19. Jahrhundert wurde der Götterbaum als Zierbaum verwendet, heute gilt er jedoch als invasive Art. Achtung: Seine Blätter sind giftig.

Götterbaum

Ailanthus altissima

Blütezeit

| J | F | M | A | M | J | J | A | S | O | N | D |

Fruchtbildung

| J | F | M | A | M | J | J | A | S | O | N | D |

Standort

Das Hauptverbreitungsgebiet des Speierlings liegt im nördlichen Mittelmeerraum sowie auf der Balkanhalbinsel. In Deutschland ist er vor allem im Südwesten zu finden.

Erscheinungsbild

Der Speierling ist ein Baum mittlerer Größe, bildet eine kuppelförmige Krone und wird bis zu 20 Meter hoch. Der Stamm ist wuchtig und von dunkler Farbe.

Rinde

Die Rinde ist dunkelbraun, mit sich kreuzenden Rissen.

Blätter

Die zusammengesetzten Blätter bestehen aus rund zwanzig stark gezackten Blättchen. Ihre Oberseite ist dunkelgrün, die Unterseite mit wenigen roten Härchen besetzt. Sie sind den Blättern der Vogelbeere sehr ähnlich.

Früchte

Die Blüten sind mattweiß und wachsen in relativ großen Trauben. Die Früchte erinnern an Äpfel, sind jedoch nur 3 bis 4 cm groß. Im überreifen Zustand sind sie essbar.

Besonderheiten

Das außergewöhnlich dichte und harte Holz des Speierlings wird zur Herstellung von Griffen oder Messwerkzeugen verwendet.

Speierling

Sorbus domestica

Blütezeit

| J | F | M | A | M | J | J | A | S | O | N | D |

Fruchtbildung

| J | F | M | A | M | J | J | A | S | O | N | D |

Standort

Die Esche ist in Deutschland sowie ganz Mitteleuropa verbreitet.

Erscheinungsbild

Die Esche ist ein großer, eindrucksvoller Baum mit lichtem Laubwerk. Sie wird bis zu 40 Meter hoch.

Rinde

Die Rinde ist hellgrau und rau, mit feinen, sich kreuzenden Rissen.

Blätter

Die zusammengesetzten Blätter sind groß und bestehen aus etwa einem Dutzend Blättchen. Diese sind dunkelgrün und gezackt, auf der zentralen Blattader behaart und laufen oben spitz zu. Die Knospen sind schwarz und fast das ganze Jahr über zu sehen.

Früchte

Die Blüten sind purpurrot und wachsen jeweils an der Spitze des Zweiges. Die Früchte sind kleine, grünbraune, flache Körner, die von einem 3 bis 4 cm langen Flügel umschlossen sind, der der Verteilung der Frucht durch den Wind dient.

Besonderheiten

Das harte Holz der Esche wird im Kunsthandwerk sowie zur Herstellung von Werkzeuggriffen verwendet. Aus den Blättern kann ein Heiltee zubereitet werden.

Esche

Fraxinus excelsior

Blütezeit

J	F	M	A	M	J	J	A	S	O	N	D

Fruchtbildung

J	F	M	A	M	J	J	A	S	O	N	D

Standort

Die Rosskastanie stammt von der Balkanhalbinsel. Sie wird meist in Parks und Gärten angepflanzt.

Erscheinungsbild

Die Rosskastanie ist ein dicht wachsender, hoch aufragender Baum mit schlanker, kuppelartiger Krone, der bis zu 40 Meter hoch wird. Sie kann mehrere Hundert Jahre alt werden.

Rinde

Die Rinde ist anfangs glatt und grau, wird im Lauf der Zeit jedoch dunkelbraun und schuppig.

Blätter

Die zusammengesetzten Blätter bestehen aus 5 bis 7 gezackten Blättchen, die alle an derselben Stelle des Stiels ansetzen. Sie werden oft schon im Sommer braun. Die Knospen sind braun und klebrig und liegen einander auf dem Zweig paarweise gegenüber.

Früchte

Die Blüten sind weiß und groß, nach oben gerichtet und auch aus der Ferne gut sichtbar. Die Früchte sind von einer grünen, stachligen Kapsel umhüllt und nicht essbar.

Besonderheiten

Die Raupe der Rosskastanienminiermotte kann dem Baum schweren Schaden zufügen. Dann vertrocknen die Blätter, werden braun und fallen schon zu Beginn des Sommers ab.

Rosskastanie

Aesculus hippocastanum

Laub-bäume

Blütezeit

J F M A M J J A S O N D

Fruchtbildung

J F M A M J J A S O N D

Standort

Der Walnussbaum wächst in ganz Mitteleuropa auch wild, meist jedoch in kultivierter Form. Er bevorzugt trockenes Klima und reagiert empfindlich auf Spätfröste.

Erscheinungsbild

Die Walnuss ist ein großer, schnell wachsender Baum, der bis zu 25 Meter hoch wird.

Rinde

Die Rinde ist glatt und grau und bildet im Lauf der Jahre Risse.

Blätter

Die zusammengesetzten Blätter bestehen in der Regel aus sieben sehr großen Blättchen. Diese sind oval, nicht gezackt, glänzend und etwas fester. Die Blätter sind anfangs kupferfarben und werden erst später grün.

Früchte

Die Nüsse werden von einer grünen, eiförmigen Schale umhüllt, die bei der Ernte Flecken auf den Händen hinterlässt.

Besonderheiten

In der Küche verwendet man nicht nur die Früchte, sondern kann auch aus den Blättern Nusswein herstellen. Der Walnussbaum gibt den Giftstoff Juglon ab, der das Wachstum von Pflanzen in unmittelbarer Nähe hemmt.

Walnussbaum

Juglans regia

Blütezeit

J F M A M J J A S O N D

Fruchtbildung

J F M A M J J A S O N D

Standort

Die Robinie stammt aus dem Osten der USA und wurde im 17. Jahrhundert nach Europa eingeführt. Sie ist heute in ganz Deutschland zu finden, wird in Wäldern und Parks angepflanzt und gilt in manchen Regionen als invasive Art.

Erscheinungsbild

Die Robinie ist ein dorniger Baum, der bis zu 25 Meter hoch wird. Sie hat eine lichte Krone und ist von schmaler, hoch aufragender Form.

Rinde

Die Rinde ist graubraun, mit tiefen, sich kreuzenden Rissen.

Blätter

Die zusammengesetzten Blätter bestehen aus 9 bis 21 glatten Blättchen, die nicht gezackt und an der Spitze abgerundet sind.

Früchte

Die weißen Blüten wachsen in Trauben und verströmen einen starken Duft. Die Früchte sind dunkelbraune, etwa 10 cm lange Schoten, die den ganzen Winter über am Baum verbleiben.

Besonderheiten

Das Holz der Robinie ist unverrottbar und eignet sich daher sehr gut als Nutzholz. In Frankreich bereitet man aus den Blüten ein leckeres Fettgebäck zu, alle anderen Teile des Baumes sind jedoch giftig.

Robinie
(Scheinakazie, Silberregen)
Robinia pseudoacacia

Laub-bäume

Blütezeit

J F M A M J J A S O N D

Fruchtbildung

J F M A M J J A S O N D

131

Standort

Die Vogelbeere ist in Deutschland und fast ganz Europa weit verbreitet, vor allem in den Alpen, den Mittelgebirgen und der Norddeutschen Tiefebene.

Erscheinungsbild

Der Vogelbeerbaum ist meist klein, kann jedoch bis zu 20 Meter hoch werden.

Rinde

Die Rinde ist grau und glatt, horizontal strukturiert und wird im Lauf der Jahre rau.

Blätter

Die zusammengesetzten Blätter bestehen aus rund 15 sehr stark gezackten Blättchen. Die Oberseite ist dunkelgrün, die Unterseite hellgrün und im Frühjahr stark behaart.

Früchte

Die Blüten sind cremefarben, verströmen einen starken Geruch und werden häufig von Insekten besucht. Die Früchte sind rot, haben einen Durchmesser von ca. 1 cm und wachsen in Trauben. Die Vögel fressen sie, sobald sie reif sind, und verteilen so die darin enthaltenen Samen.

Besonderheiten

Die Früchte sind in Form von Marmelade oder Getränken genießbar. Die Samenkörner sind dagegen sehr giftig, Vorsicht ist also geboten.

Vogelbeere
(Eberesche)
Sorbus aucuparia

Laub-
bäume

Blütezeit

J F M A M J J A S O N D

Fruchtbildung

J F M A M J J A S O N D

Standort

Der Schwarze Holunder ist ein sehr robuster Baum. Er ist in ganz Mitteleuropa verbreitet.

Erscheinungsbild

Der Schwarze Holunder ist ein kleiner Baum mit krummen Ästen, der bis zu 8 Meter hoch wird.

Rinde

Die Rinde ist braungelb, mit zahlreichen sich kreuzenden Rissen.

Blätter

Die zusammengesetzten Blätter sind von mattem Grün und bestehen aus 5 bis 7 Blättchen, die oben spitz zulaufen und fein gezackt sind.

Früchte

Die Blüten sind cremefarben, wachsen in großen, unregelmäßigen Trauben und verströmen einen starken Geruch. Die Früchte sind kleine schwarze Beeren und hängen in Trauben an einem kurzen roten Stiel.

Besonderheiten

Frittiert schmecken die Blüten recht lecker. Der Schwarze Holunder wird leicht mit dem Zwergholunder verwechselt, einem kleinen Strauch, dessen krautige Zweige im Winter absterben. Seine Blätter und Beeren ähneln stark denen des Schwarzen Holunders, sind jedoch giftig.

Schwarzer Holunder

Sambucus nigra

Blütezeit

J F M A M J J A S O N D

Fruchtbildung

J F M A M J J A S O N D

Standort

Die Stieleiche ist in ganz Europa weit verbreitet und fehlt nur in manchen südlichen Regionen. Sie wächst bis zu einer Höhe von 1000 Metern.

Erscheinungsbild

Die Stieleiche ist von stattlichem Wuchs, wird bis zu 35 Meter hoch und kann mehrere Tausend Jahre alt werden. Ihre Äste sind krumm und unregelmäßig, und das Laub wächst in Büscheln.

Rinde

Die Rinde ist anfangs grau und glatt. Mit den Jahren bildet sie stark ausgeprägte rötliche Risse.

Blätter

Die Blätter sind dunkelgrün und weisen am Rand tiefe Einbuchtungen auf. Diese sind rundlich, unregelmäßig und sehr charakteristisch. Die Blätter haben keinen oder nur einen sehr kurzen Stiel.

Früchte

Eine Stieleiche bildet erst nach etwa sechzig Lebensjahren Früchte. Diese sind 1,5 bis 3 cm groß und hängen an einem langen Stiel (daher auch der Name des Baumes).

Besonderheiten

Weil das Holz der Stieleiche reich an Tanninen ist, wird es zur Herstellung von Weinfässern verwendet.

Stieleiche (Sommereiche)

Quercus robur

langer Fruchtstiel

kurzer Blattstiel

Blütezeit

J F M A M J J A S O N D

Fruchtbildung

J F M A M J J A S O N D

Standort

Die Flaumeiche ist in West- und Südeuropa sowie in Kleinasien weit verbreitet, in Deutschland finden sich dagegen nur im Südwesten einige kleine Bestände.

Erscheinungsbild

Die Flaumeiche ist ein großer Baum mit reich verzweigtem Geäst, der bis zu 25 Meter hoch und mehrere Hundert Jahre alt werden kann. Die Blätter werden im Winter braun, fallen jedoch nicht ab. Diesen Zustand des Laubs nennt man »Welke«.

Rinde

Die Rinde ist grauschwarz, mit schmalen Rissen.

Blätter

Die Blätter sind dunkelgrün und gelappt und haben einen kurzen Stiel (ca. 1 bis 2 cm). Die Unterseite der Blätter und die jungen Triebe besitzen einen dichten Flaum (daher der Name des Baumes). Die Knospen befinden sich am Ende der Zweige.

Früchte

Nach etwa fünfzehn Lebensjahren fangen die Bäume an, Eicheln zu bilden. Diese haben einen sehr kurzen Stiel und sitzen in behaarten Fruchtbechern.

Besonderheiten

Die Flaumeiche ist eine der wichtigsten Baumarten bei der Zucht von Trüffeln.

Flaumeiche

Quercus pubescens

Laub-bäume

Blattunterseite
mit Flaum

Blütezeit

J	F	M	A	M	J	J	A	S	O	N	D

Fruchtbildung

J	F	M	A	M	J	J	A	S	O	N	D

Standort

Die Traubeneiche ist in ganz Deutschland und Mitteleuropa verbreitet. In den Bergen wächst sie bis zu einer Höhe von 1600 Metern.

Erscheinungsbild

Die Traubeneiche ist ein großer Baum mit einem Stammdurchmesser von bis zu 1 Meter und einer Höhe von bis zu 40 Meter. Sie kann mehrere Hundert Jahre alt werden. Die Äste und das Laubwerk sind regelmäßiger als bei der Stieleiche.

Rinde

Wie bei der Stieleiche ist die Rinde anfangs grau und glatt und bildet im Lauf der Jahre stark ausgeprägte rötliche Risse.

Blätter

Die Blätter sind dunkelgrün und haben rundliche Lappen, die Einbuchtungen sind jedoch nicht so tief wie bei der Stieleiche. Die Blattstiele sind 1 bis 2 cm lang.

Früchte

Anders als die Früchte der Stieleiche besitzen die Eicheln der Traubeneiche keinen Stiel, sondern sitzen direkt auf den Zweigen.

Besonderheiten

Eichenholz war früher das wichtigste Material für den Bau von Schiffen und von Dachstühlen großer Gebäude.

Traubeneiche
(Wintereiche)
Quercus petraea

Laubbäume

stielloser
Fruchtansatz

langer Blatt-
stiel

Blütezeit

J F M A M J J A S O N D

Fruchtbildung

J F M A M J J A S O N D

141

Standort

Die Elsbeere findet sich in zahlreichen Regionen Deutschlands sowie Mittel- und Südeuropas.

Erscheinungsbild

Die Elsbeere ist ein großer Baum und wird bis zu 30 Meter hoch. Sie wächst relativ langsam, kann jedoch über hundert Jahre alt werden.

Rinde

Die Rinde ist graubraun, mit zahlreichen Rissen und eng aneinanderliegenden Schuppen.

Blätter

Die Blätter sind gezackt, weisen tiefe Einkerbungen auf und erinnern an die Blätter des Ahorns. Die Blattadern gehen jedoch nicht alle vom Blattansatz aus, und die Blätter wachsen abwechselnd auf beiden Seiten der Zweige.

Früchte

Die cremefarbenen Blüten öffnen sich gegen Ende des Frühjahrs. Die Früchte sind kleine hellbraune Beeren. Sie enthalten die Samenkörner und wachsen in Trauben. Sie werden von Vögeln und Säugetieren gefressen, die dadurch die Samenkörner verbreiten.

Besonderheiten

Das dichte, harte Holz der Elsbeere wird vor allem von Kunstschreinern und Geigenbauern geschätzt.

Elsbeere

Sorbus torminalis

Laub-bäume

Blütezeit

J F M A M J J A S O N D

Fruchtbildung

J F M A M J J A S O N D

143

Standort

Der Weißdorn ist in ganz Mitteleuropa verbreitet und wächst vor allem in Hecken und im Niederwald.

Erscheinungsbild

Der Weißdorn wächst als Strauch oder als kleiner Baum, wird bis zu 10 Meter hoch und kann mehrere Hundert Jahre alt werden.

Rinde

Die Rinde ist anfangs grau und wird im Lauf der Jahre hellbraun und schuppig. Auf den Zweigen sitzen zahlreiche Dornen, die 1 bis 2 cm lang sind.

Blätter

Die Blätter sind klein (3 bis 6 cm), hellgrün, stark eingekerbt und haben 5 bis 7 Lappen. Sie sind gezackt und auf der Unterseite glänzend.

Früchte

Während der Blüte im Frühjahr ist der ganze Baum mit weißen Blüten übersät. Sie haben jeweils 5 Blütenblätter und werden gern von Bienen besucht. Die Früchte sind kleine rote Beeren. Für Vögel sind sie ein Leckerbissen.

Besonderheiten

Ein naher Verwandter ist der Zweigriffelige Weißdorn. Seine Blätter sind kaum gelappt, und seine Früchte haben zwei oder drei Kerne.

Weißdorn

Crataegus monogyna

Blütezeit

J F M A M J J A S O N D

Fruchtbildung

J F M A M J J A S O N D

Standort

Der Feldahorn ist in Deutschland weit verbreitet und vor allem in der Ebene und im Hügelland zu finden.

Erscheinungsbild

Der Feldahorn ist ein Baum von mittlerer Größe mit sehr vielen Zweigen und wird bis zu 15 Meter hoch.

Rinde

Die Rinde ist von hellem Graubraun und bildet kleine, rechteckige Schuppen.

Blätter

Die Blätter sind dunkelgrün, relativ klein (8 x 10 cm) und haben drei bis fünf Lappen, deren Enden stumpf sind. Die Blattunterseite ist hell und entlang der Adern leicht behaart.

Früchte

Die Blüten sind gelblich grün und öffnen sich im Frühjahr, wenn auch die Blätter sprießen. Die Früchte bestehen aus kleinen Samenkörnern, die paarweise wachsen und jeweils in einen rot-grünen Flügel gehüllt sind. Wenn sie vom Baum fallen, drehen sie sich. Dadurch fallen sie langsamer und der Wind kann sie über weitere Entfernungen tragen.

Besonderheiten

Der volkstümliche Name »Maßholder« verweist auf den holunderartigen Wuchs des Feldahorns.

Feldahorn
(Maßholder)
Acer campestre

Blütezeit

Fruchtbildung

J F M A M J J A S O N D

J F M A M J J A S O N D

147

Standort

Der Spitzahorn wird oft in Parks und Gärten angepflanzt. In der Natur findet er sich in der Ebene, im Hügelland und im niedrigen Bergland.

Erscheinungsbild

Der Spitzahorn ist ein großer Baum mit dichtem, regelmäßigem Wuchs. Er wächst schnell und wird bis zu 30 Meter hoch.

Rinde

Die Rinde ist grau, mit schmalen vertikalen Rillen.

Blätter

Die Blätter sind dunkelgrün und stehen sich an den Zweigen jeweils paarweise gegenüber. Sie sind gezackt, und jeder Zacken besitzt eine faserige Spitze. Im Herbst werden sie gelborangefarben.

Früchte

Die Blüten sind klein und gelb und öffnen sich im Frühjahr, wenn auch die Blätter sprießen. Die Früchte bestehen aus kleinen, flachen Samenkörnern, die paarweise wachsen und jeweils von einem Flügel umhüllt sind.

Besonderheiten

Das Laubwerk erinnert stark an den Zuckerahorn, das Wahrzeichen Kanadas, aus dem Ahornsirup gewonnen wird.

Spitzahorn

Acer platanoides

Laub-
bäume

Blütezeit

Fruchtbildung

J F M A M J J A S O N D   J F M A M J J A S O N D

Standort

Der Bergahorn ist in ganz Europa weit verbreitet. Er wird in Parks und Gärten angepflanzt, wächst aber auch in mittleren und höheren Lagen im Gebirge.

Erscheinungsbild

Der Bergahorn ist ein großer, hoch aufragender Baum, der schnell wächst und bis zu 40 Meter hoch wird. Seine Äste wachsen gerade, und die Krone ist stark verzweigt.

Rinde

Die Rinde ist grau und anfangs glatt, bildet im Lauf der Jahre jedoch Risse und kleine Schuppen.

Blätter

Die Blätter sind groß, unregelmäßig gezackt und wachsen paarweise einander gegenüber. Manchmal sind die Zacken stumpf. Wenn die Blätter sprießen, sind sie orangefarben, dann blassgrün und schließlich dunkelgrün.

Früchte

Die Früchte sind grünbraun und wachsen paarweise. Sie bestehen jeweils aus einem runden Samenkorn, das von einem Flügel umhüllt wird. Dadurch fallen sie langsamer zu Boden und der Wind kann sie über weitere Entfernungen verstreuen.

Besonderheiten

Das harte und gleichmäßige Holz des Bergahorns wird gerne in der Kunstschreinerei und beim Geigenbau verwendet.

Bergahorn

Acer pseudoplatanus

Blütezeit

J F M A M J J A S O N D

Fruchtbildung

J F M A M J J A S O N D

Standort

Der Feigenbaum braucht viel Sonne und ist daher hauptsächlich im Mittelmeerraum verbreitet. In Deutschland gedeiht er in wenigen milden Regionen.

Erscheinungsbild

Der Feigenbaum ist ein kleiner Baum, oft mit schräg wachsendem Stamm, der bis zu 10 Meter hoch wird. Die Äste sind kräftig und krumm, das Wurzelwerk mächtig.

Rinde

Die Rinde ist sehr glatt und von grauer Farbe.

Blätter

Die Blätter sind mal stärker, mal schwächer gelappt, sehr groß (bis zu 30 cm) und fest. Die Lappen sind abgerundet und der Blattrand gezackt. Die Oberseite der Blätter ist glänzend, die Unterseite behaart.

Früchte

Nur die weiblichen Pflanzen tragen Früchte. Die männlichen Exemplare heißen »Bocksfeige«. Die Feigen sind anfangs grün, im reifen Zustand je nach Sorte grün bis dunkelviolett.

Besonderheiten

Der Feigenbaum wird seit der Antike kultiviert. Bei der Ernte ist Vorsicht geboten: Der Saft der Feige kann Reizungen verursachen, vor allem in den Augen.

Feigenbaum

Ficus carica

Blütezeit	Fruchtbildung
F M A M J J A S O N D	J F M A M J J A S O N D

Standort

Die Silberpappel findet sich in ganz Mitteleuropa, vor allem auf feuchten Böden und in der Nähe größerer Flüsse.

Erscheinungsbild

Die Silberpappel wächst für gewöhnlich leicht schräg, hat zahlreiche Zweige und wird bis zu 25 Meter hoch.

Rinde

Die Rinde ist bei jungen Bäumen grau-weiß und glatt. Später bildet sie rautenförmige Aufsprünge und wird rau und braun.

Blätter

Die Blätter sind klein und gelappt, wobei die Lappen je nach Exemplar unterschiedlich stark ausgeprägt sind. Die Blätter tragen im Frühjahr einen Flaum und werden dann auf der Oberseite dunkelgrün, während die Unterseite den ganzen Sommer über weiß und behaart bleibt.

Früchte

Die Früchte sind weiß und behaart und werden vom Wind verteilt.

Besonderheiten

Das weiche Holz der Silberpappel wird zur Herstellung von Zündhölzern, Kisten, Sperrholz und Papiermasse verwendet.

Silberpappel
(Weißpappel)
Populus alba

Laub-bäume

inde

variable
Blattform

Blütezeit		Fruchtbildung

J **F M A** M J J A S O N D   J F **M A M J J** A S O N D

Standort

Die Platane wird gerne als Alleebaum sowie in Parks und Gärten verwendet.

Erscheinungsbild

Die Platane ist ein großer Baum, der bis zu 50 Meter hoch wird. Der Stamm ist hoch und mächtig, die Äste sind kräftig und lang.

Rinde

Die Rinde der Platane ist sehr charakteristisch. Ihre obere Schicht blättert in großen grauen Lappen von der darunterliegenden gelblichen Schicht ab.

Blätter

Die Blätter ähneln denen des Ahorns, sind jedoch dicker, fester und wachsen abwechselnd zu beiden Seiten der Zweige. Sie besitzen stark ausgeprägte Zacken.

Früchte

Die kugeligen Blüten sind grün-orangefarben und stark allergen. Die Früchte sind Kugeln, die aus mehreren kleinen, stark behaarten Samenkörnern bestehen, die alle am selben Stiel sitzen.

Besonderheiten

Platanen leiden oft unter Pilzbefall sowie unter der Platanen-Netzwanze, einer kleinen schwarz-weißen Wanze, die sich von den Blättern der Platane ernährt.

Platane

Platanus x hispanica

Laub-bäume

Blütezeit

J F M A M J J A S O N D

Fruchtbildung

J F M A M J J A S O N D

Register